贾东　主编　建筑营造体系研究系列丛书

京西古道聚落之建筑营造

潘明率　著

中国建筑工业出版社

图书在版编目（CIP）数据

京西古道聚落之建筑营造／潘明率著. —北京：中国
建筑工业出版社，2018.10
（建筑营造体系研究系列丛书/贾东主编）
ISBN 978-7-112-22695-5

Ⅰ.①京… Ⅱ.①潘… Ⅲ.①农村住宅–建筑设计–研
究–北京 Ⅳ.① TU241.4

中国版本图书馆CIP数据核字（2018）第212615号

责任编辑：唐 旭 李东禧 吴 佳
责任校对：李美娜

建筑营造体系研究系列丛书
贾东 主编
京西古道聚落之建筑营造
潘明率 著

*
中国建筑工业出版社出版、发行（北京海淀三里河路9号）
各地新华书店、建筑书店经销
北京锋尚制版有限公司制版
北京君升印刷有限公司印刷
*
开本：787×1092毫米 1/16 印张：8¾ 字数：178千字
2018年10月第一版 2018年10月第一次印刷
定价：39.00元
ISBN 978-7-112-22695-5
（32577）

总 序

2012年的时候，北方工业大学建筑营造体系研究所成立了，似乎什么也没有，又似乎有一些学术积累，几个热心的老师、同学在一起，议论过自己设计一个标识。在2013年，"建筑与文化·认知与营造系列丛书"共9本付梓出版之际，我手绘了这个标识。

现在，以手绘的方式，把标识的涵义谈一下。

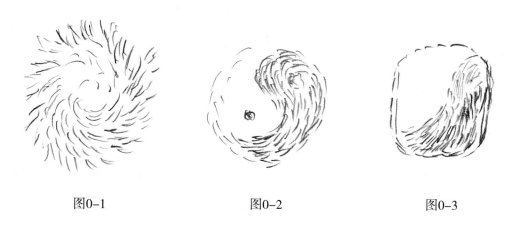

图0-1　　　　　　　　　　图0-2　　　　　　　　　　图0-3

图0-1：建筑的世界，首先是个物质的世界，在于存在。

混沌初开，万物自由。很多有趣的话题和严谨的学问，都爱从这儿讲起，并无差池，是个俗曰，却也好说话儿。无规矩，无形态，却又生机勃勃、色彩斑斓，金木水火土，向心而聚，又无穷发散。以此肇思，也不为过。

图0-2：建筑的世界，也是一个精神的世界，在于认识。

先人智慧，辩证大法。金木水火土，相生相克。中国的建筑，尤其是原材木构框架体系，成就斐然，辉煌无比，也或多或少与这种思维关系密切。

原材木构框架体系一词有些拗口，后撰文再叙。

图0-3：一个学术研究的标识，还是要遵循一些图案的原则。思绪纷飞，还是要理清思路，做一些逻辑思维。这儿有些沉淀，却不明朗。

 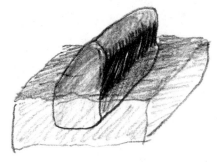 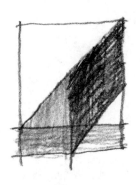

图0-4 图0-5 图0-6

图0-4：天水一色可分，大山矿藏有别。

图0-5：建筑学喜欢轴测，这是关键的一步。

把前边所说自然的大家熟知的我们的环境做一个概括的轴测，平静的、深蓝的大海，凸起而绿色的陆地，还有黑黝黝的矿藏。

图0-6：把轴测进一步抽象化图案化。

绿的木，蓝的水，黑的土。

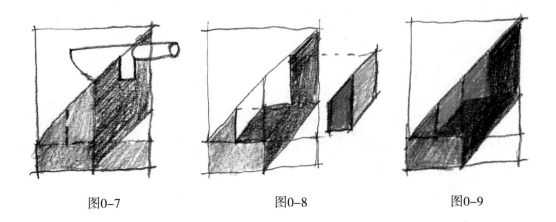

图0-7 图0-8 图0-9

图0-7：营造，是物质转化和重新组织。取木，取土，取水。

图0-8：营造，在物质转化和重新组织过程中，新质的出现。一个相似的斜面形体轴测出现了，这不仅是物质的。

图0-9：建筑营造体系，新的相似的斜面形体轴测反映在产生它的原质上，并构成新的五质。这是关键的一步。

五种颜色，五种原质：金黄（技术）、木绿（材料）、水蓝（环境）、火红（智慧）、土黑（宝藏）。

技术、材料、环境、智慧、宝藏，建筑营造体系的五大元素。

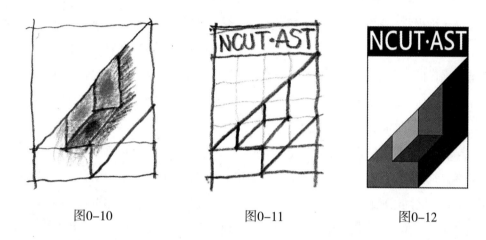

图0–10   图0–11   图0–12

图0–10：这张图局部涂色，重点在金黄（技术）、水蓝（环境）、火红（智慧），意在五大元素的此消彼长，而其人的营造行为意义重大。

图0–11：将标识的基本线条组织再次确定。轴测的型与型的轴测，标识的平面感。NCUT·AST就是北方工业大学/建筑/体系/技艺，也就是北方工业大学建筑营造体系研究。

图0–12：正式标识绘制。

NAST，是北方工大建筑营造研究的标识。

话题转而严肃。近年来，北方工大建筑营造研究逐步形成以下要义：

1. 把建筑既作为一种存在，又作为一种理想，既作为一种结果，更重视其过程及行为，重新认识建筑。

2. 从整体营造、材料组织、技术体系诸方面研究建筑存在；从营造的系统智慧、材料与环境的消长、关键技术的突破诸方面探寻建筑理想；以构造、建造、营造三个层面阐述建筑行为与结果，并把这个过程拓展对应过去、当今、未来三个时间；积极讨论更人性的、更环境的、可更新的建筑营造体系。

3. 高度重视纪实、描述、推演三种基本手段。并据此重申或提出五种基本研究方法：研读和分析资料；实地实物测绘；接近真实再现；新技术应用与分析；过程逻辑推理；在实践中修正。每一种研究方法都可以在严格要求质量的前提下具有积极意义，其成果，又可以作为再研究基础。

4. 从研究内容到方法、手段，鼓励对传统再认识，鼓励创新，主张现场实地研究，主张动手实做，去积极接近真实再现，去验证逻辑推理。

5. 教育、研究、实践相结合，建立有以上共识的和谐开放的体系，积极行动，潜心研究，积极应用，并在实践中不断学习提升。

"建筑营造体系研究系列丛书"立足于建筑学一级学科内建筑设计及其理论、建筑历史与理论、建筑技术科学等二级学科方向的深入研究，依托近年来北方工业大学建筑营造体系研究的实践成果，把研究聚焦在营造体系理论研究、聚落建筑营造和民居营造技术、公共空间营造和当代材料应用三个方向，这既是当今建筑学科研究的热点学术问题，也对相关学科的学术问题有所涉及，凝聚了对于建筑营造之理论、传统、地域、结构、构造材料、审美、城市、景观等诸方面的思考。

"建筑营造体系研究系列丛书"组织脉络清晰，聚焦集中，以实用性强为突出特色，清晰地阐述建筑营造体系研究的各个层面。丛书每一本书，各自研究对象明确，以各自的侧重点深入阐述，共同组成较为完整的营造研究体系。丛书每本具有独立作者、明确内容、可以各自独立成册，并具有密切内在联系因而组成系列。

感谢建筑营造体系研究的老师、同学与同路人，感谢中国建筑工业出版社的唐旭老师、李东禧老师和吴佳老师。

"建筑营造体系研究系列丛书"由北京市专项专业建设——建筑学（市级）（编号PXM2014_014212_000039）项目支持。在此一并致谢。

拙笔杂谈，多有谬误，诸君包涵，感谢大家。

贾 东
2016年于NAST北方工大建筑营造体系研究所

前 言

　　散布世间的数百万个自然村落是中国农业文化的自然载体。伴随着城镇化、工业化、农业现代化的发展，不少自然村落反与其发展背道而驰，失去原有活力，默默地消亡，而另一些村落也正经历着"建设性、开发性、旅游性"的二次破坏。"望得见山、看得见水、记得住乡愁"，是新型城镇化建设的核心要求。在全球化加速与中国快速城镇化双重作用下，村落空间格局发生着剧烈变动，正发生着功能转型与空间重构的转变。在此背景下，自然村落文化与生活方式如何得以有机的延续，是众多学者关注的问题。

　　北京作为千年古都，其散布在城市周围区域的村落，蕴藏着丰富的自然生态景观资源与历史文化信息，形成与周边自然环境和谐共生、功能完善、特色鲜明、持续发展的聚落形态。自然村落作为传统文化的基本承载单元，其内部的文化系统自成一体，又与相邻各个不同的村落文化体系交织，构成一个完整的文化脉络。虽然村落是具有物质性的客观存在，但在其物质性外壳下承载的是历史文化脉络与人文精神内涵。

　　北京西部地区，位于西山脚下，东临城区，西出塞外，与黄土高原、内蒙草原相连接，自古以来就是北京与外部联系的重要纽带和军事屏障。该地区蕴藏着丰富的煤炭和矿业资源，是北京城的主要能源供应基地。这里宗教信仰集中，寺庙多样繁杂，宗教文化历史悠久。同时，京西地区凭借着西部的天然屏障，成为历来统治者重要的军事防御设施建设之地。京西地区商贾古道、军事道路、庙会香道，互用有无，纵横交错于整个地区，保持着与京城和其他区域的往来，形成京西古道的主要交通网络。京西古道承载着厚重的文化历史信息，在地理交通文化、物产运输文化、民俗宗教文化等多个层面都有丰富的体现。古道沿线村落与这些地理与人文环境密切关联，形成耕、居结合的田园式居住模式。

　　本书关注的是在京西古道文化背景下，自然村落的发展与营造模式。内容主要分为两个部分。第一部分为第一、二、三章。在阐述京西传统村的自然环境与历史沿革的基础上，追溯了京西古道的历史发展过程和路径走向，梳理了古道村落的文化特征和习俗民风。第二部分为第四、五、六、七章。从村落类型、村落格局和道路组织等方面分析了村落形态特点，以定量和定性的角度研究了村落公共空间特征，并以庙宇建筑、商居建筑、居住建筑等典型案例阐明了建筑物质形态，最后在分析京西聚落现状问题和价值基础上提出活化策略，试图找寻村落发展方向。

在团队支持和"北京市专项——专业建设–建筑学（市级）PXM2014_014212_000039"、"2014追加项——促进人才培养综合改革项目——研究生创新平台建设—建筑学（14085–45）"、"本科生培养—教学改革立项与研究（市级）—同源同理同步的建筑学本科实践教学体系建构与人才培养模式研究（14007）"，以及"教育部人文社会科学研究项目：基于文化模式的北京村落活态保护研究（15YJCZH123）"的资助下，本书最终得以出版。作为"建筑营造体系研究系列丛书"中的其中之一，期望本书的出版能够为团队的研究贡献绵薄之力。

由于笔者在见识和水平上的局限，本书难免有不完善、不正确的地方，敬请各位读者见谅，并恳请读者给予批评指正。

目 录

第1章 绪论

1.1 研究背景

1. 研究缘起

1）政策导向

我国拥有悠久的历史文明，农耕文化是传统文化的母体。随着新型城镇化的推进，农业生活与生产日益现代化，然而传统村落物质实体却在逐渐消亡。传统村落调查结果显示，近十年内我国减少了约90万个自然村，乡村人口减少约1亿3千万人。与此同时，另一些村落打着大力发展旅游经济的旗号，实质上却破坏了传统村落的原有内涵，接受所谓现代化的同质演变。

近年来，国家已经认知到传统村落对于我国文化发展的重要意义，并逐步落实贯彻到政策方针中。2015年10月通过的"十三五"规划建议明确指出"提高社会主义新农村建设水平，开展农村人居环境整治行动，加大传统村落民居和历史文化名村名镇保护力度，建设美丽宜居乡村"。党的十九大报告在战略高度上明确了继续保持农村的率先发展，加强对传统村落的保护。近年来各级政府部分颁布了相关政策文件，说明了传统村落保护与管理的力度不断加大（表1-1）。

关于传统村落保护的部分政策文件 表1-1

政策文件
历史文化名城名镇名村保护条例（2008）
《福建省传统村落调查实施工作方案》的通知（2012）
住房和城乡建设部等四部局关于开展传统村落调查的通知（2012）
绍兴市传统村落文化特征、现状及保护建议（2012）
吉林关于进一步明确传统村落评价标准的通知（2012）
湖北关于做好传统村落调查信息录入工作的通知（2012）
河南省启动传统村落调查保护工作（2012）
关于做好2013年传统村落补充调查和推荐上报工作的通知（2013）

续表

政策文件
关于公布第一批列入中国传统村落名录村落名单的通知（2012）
关于印发《传统村落评价认定指标体系（试行）》的通知（2012）
关于加强传统村落保护发展工作的指导意见（2012）
关于印发传统村落保护发展规划编制基本要求（试行）的通知（2013）
2013年中央一号文件摘要（2013）
传统村落保护发展规划编制基本要求（试行）（2013）
住房和城乡建设部关于成立传统民居保护专家委员会的通知（2014）
北京市人民政府办公厅关于印发《提升农村人居环境推进美丽乡村建设的实施意见（2014–2020年）》的通知（2014）
关于印发《中国传统村落警示和退出暂行规定(试行)》的通知（2016）
住房和城乡建设部等部门关于公布2016年第二批列入中央财政支持范围的中国传统村落的通知（2016）
住建部：启动濒危传统村落保护专项行动（2016）
北京市农村工作委员会、北京市住房和城乡建设委员会、北京市财政局关于进一步做好我市传统村落保护发展有关工作的函（2016）
住房和城乡建设部关于公布第一批中国特色小镇名单的通知（2016）
住房和城乡建设部等部门关于公布2017年列入中央财政支持范围和2018年拟列入中央财政支持范围中国传统村落名单的通知（2017）
住房和城乡建设部关于保持和彰显特色小镇特色若干问题的通知（2017）
住房和城乡建设部关于举办首届"传统村落保护发展国际大会"的通知（2017）
住房和城乡建设部关于公布第二批全国特色小镇名单的通知（2017）
北京市规划和国土资源管理委员会关于印发《北京市村庄规划导则》的通知（2017）
北京市人民政府办公厅关于加强传统村落保护发展的指导意见（2018）

2）社会问题

传统村落是动态平衡的综合体，在历史的更迭中不断发展着自身的形态和秩序，具有中国传统文化的优秀基因。然而受到多方面因素的冲击，传统村落的数量逐渐减少，村落面临的生存环境也越发严峻，传统文化受到现代文明的冲击越发显著。"十二五"时期，北京市新型城镇化进程进一步加快，北京山区有221座村落从地图上消失。究其原因，一方面是为了改善人民生活，腾挪地下采空区，有些村落得以整体搬迁异地安置，原有村落废弃或转为山林，另一方面主要是由于村中青年劳力逐渐去城市中工作与生活，进而导致村落空心化、老人化问题日益严重，村落逐渐失去了存在与发展的活力。因此，如何激发传统村落的活力，使村民的日常生活能够得以正常可持续地发展，并与社会发展之间形成动态平衡关系，成为当前面临需要解决的一个重要问题。

3）学术热点

传统村落是优秀历史文化重要载体，在历史内涵、美学文化和旅游开发等方面都有重要的意义和价值，承载着深厚的物质文化遗产以及非物文化遗产。近年来关于传统村落，在空间结构分析、村落物质形态、村落非物质文化、村落保护与更新等方面都有一定深入研究，并形成学术研究的关注点。

一方面，作为中国"人居环境科学"研究的创始人，吴良镛院士在2014年发表著作《中国人居史》，填补了多年来在村落文化方面的空缺。中国传统村落保护和发展专家委员会主任冯骥才指出，村落是中华民族最古老的居住单元群体，数量众多的物质、非物质文化遗产都在村落里，中华民族文化的根源和多样性都在村落里。

另一方面，在实践层面上越来越多的设计师投身到乡土建筑营建中，涌现出一大批乡村实践者，为找寻村落文化、民居营造做出积极探索。李晓东（2010）设计的福建下石村桥上书屋，华黎（2012）设计的云南高黎贡手工造纸博物馆，屈培青（2013）对陕西照金的再规划，罗德胤（2015）对湖南高椅村醉月楼学堂设计及云南哈尼民居改造，徐甜甜（2015）设计的浙江平田的农耕博物馆及手工作坊，何崴设计的西河粮油博物馆（2014）与浙江平田爷爷家旅社（2015），朱良文（2015）在云南哈尼文化的乡土实践等等，代表了近年来设计实践领域中对乡村建筑的研究和探索。

2. 研究目的

传统村落所蕴含的文化遗产，既包含物质文化遗产，也包含非物质文化遗产。两者相互穿插共存，才能形成独立具有各自特点的村落。村落作为传统文化的基本承载单元，其内部的文化系统自成一体，又与相邻各个不同的村落文化体系交织，构成一个完整的文化脉络。虽然村落是具有物质性的客观存在，但在其物质性外壳下承载的是历史文化脉络与人文精神内涵。单纯注重建筑外在的保护只会让村落陷入逐渐消亡的结局。村落的保护是文化遗存与外在发展的整体性保护，并非一成不变。

本书的总体目标是在村落案例横向比较与纵向梳理过程中，通过现状调研、哲理思辨、理论分析、案例研究等，构架出京西古道文化模式下传统村落营造体系。具体目标包括对京西古道村落进行实地走访调研、数据分析整理，明确京西村落在发展过程中逐渐形成的地域特征，探索其中可以传承的优秀基因，提出村落营造更新的理论与方法。另一具体目标是研究村落的文化特色，挖掘村落资源的经济和社会价值，提出村落活态保护的理想模式，保护并提升京西古道独特的村落活力状态。

3. 研究意义

从理论研究而言，村落的发展与文化密切相关。每座传统村落，蕴含着其独特的文化，都是活态的文化遗产，体现着人与自然和谐相处的本质内涵。本书从文化模式角度，探讨了文化与村落的关系，研究村落发展的历史过程和未来发展方向。村落发展是以人为主体，人的生产活动决定着村落的发展程度。文化、人、建筑是构成村落发展的完整因素。研究梳理村落的物质实体营造特征，展现其中地域文化、空间形态与建筑技艺，反映出村落与自然、社会的交往关系。总结村落营造的内容、途径与改进方法，完善现有村落的营造体系，分析文化模式对营造的影响，有助于促进对村落营造体系完整的研究。

从应用实践而言，传统村落的保护问题一直是研究的焦点。目前最为直接的方式就是通过政府划定的保护名录进行保护，但这些传统村落多是单一式点状的保护。封闭式的单纯保护并不能够全面的唤活传统村落的有机体系。本书将完善传统村落文化模式的构建，总结在文化模式影响下的村落营造特征，为传统村落保护规划的实施提供不同角度的指引，对探索村落保护寻求合理再生设计策略，有一定的现实意义。

1.2 研究内容及概念界定

1. 研究内容

北京作为千年古都，其散布在城市边缘区域的村落，蕴藏着丰富的历史文化信息与自然生态景观资源，需全面整合空间、功能、结构，优化自然与人文环境，激活与更新"宜居宜生"的村落体系，形成与周边自然环境和谐共生、功能完善、特色鲜明的持续发展形态。

本书研究共包括四个部分，追溯京西古道的历史发展、梳理古道区域的文化特色、分析沿线村落的营造模式并提出保护策略。

第一，京西古道历史溯源。传统村落的历史是其区别于其他村落的有力证据，京西古道文化对沿线村落的历史发展存在着决定性的影响。通过文献与实地调查，追溯京西古道历史发展与演变过程。通过对其沿线村落独特的历史文脉调查，纵向对比分析京西古道的历史演变是研究传统村落营造的基础。

第二，古道地域文化特色梳理。吴良镛院士指出特色是生活的反映，是文化的积淀，是一定时间地点条件下典型事物的最集中的表现。村落的历史文化是一个地域发展的支撑，文化的发展模式和居住者思维模式的对撞，就形成独特的村落文化。京西古道由于其特殊的地理位置与功能，承载了丰富的文化内涵，对其进行梳理为研究村落提供强有力的支撑。

第三，京西古道村落营造体系研究。由于所处地理环境、人员组成、生计形态的不同，村落的成村原因、选址形态、建筑风貌等都不尽相同。通过对比村落间文化模式的异同，总结在京西古道文化模式影响下村落营造体系的特点。

第四，保护策略展望提出。梳理古道区域村落的发展现状，探讨新旧文化模式下村落的生存状态，综合分析村落文化与发展困境，村落中各类文化冲突对于村落发展的影响，结合现有村落保护及营造特点，提出符合古道传统村落的保护及发展模式。

2. 概念界定

本书将从三个基本点着手进行分析研究。第一是文化模式，研究将围绕村落文化的形成特征展开；第二是京西古道传统村落，以古道沿线村落为立足点，明确村落的类型；第三是营造体系，以营造为着眼点梳理出传统村落的文化与营造体系之间的关系。综上所述，将对三个基本概念进行界定。

文化模式的概念，有许多不同的理解，比较系统的是由美国著名人类学家鲁思·本尼迪克特在1934年所籍的《文化模式》中提出[①]。本书所研究的文化模式是基于人的行为模式而形成的多样性文化。人的行为是指一个群体区别于其他群体，拥有自己独特文化的前提条件。文化模式就是对自身价值的选择性行为，这种选择体现在社会交往、经济生活中的各种风俗习惯、礼仪规矩等方面。书中研究的京西古道沿线自然资源富饶，人文资源丰富发达，古道与永定河交错共生，这里不仅是战略部署的重点，连接京城与京西煤矿的重要道路，矿业运输业和相关产业发达，同时也是宗庙信仰等地域文化特色突出的地区，是朝顶进香的必经之路。

传统村落，正式出现是在传统村落保护和发展专家委员会第一次会议（2012）。本书研究的村落范围为京西古道沿线的典型村落，不仅包括中国历史文化名村、中国传统村落和历史文化保护区等名录中的村落，还包括古道沿线拥有久远的建村历史，并且保留着村落独特历史文化遗产的其他村落。

营造体系，这个概念是对营造概念的延伸。"营造"一词最初出现在《晋书·五行志上》："清扫所灾之处，不敢于此有所营造"。"营造"一词多理解为建筑的建造过程，结构、材料、施工等。本书研究旨在探究文化对村落的影响，营造技术不仅仅体现在具体的建筑构件上，而且也体现在整个村落的山水地貌以及民居院落之中。因此本书中营造一词并非仅指建筑单体的结构、材料、施工等，而是将营造的主体由建筑层面上升到村落层面，以村落为主体，分析研究村落形成过程中文化对于选址、空间及建筑单元的影响，由此总结出京西古道村落文化与村落营造之间的相互关系。

1.3 研究现状

本书主要围绕文化与传统村落的营造关系问题展开，国外取得了一定得成果，但对于北

---

① ［美］露丝·本尼迪克特. 文化模式［M］. 王炜等译. 北京：社会科学文献出版社，2009.

京地区的专项研究尚不多见。因此，本书的文献研究主要分析国内研究成果，从村落文化模式、北京村落、京西村落营造等几个方面展开。

在村落文化模式的研究方面，王其钧（1996）从社会学的角度出发，分析村落形态与社会秩序之间的关系[①]。尹均科（2001）在大量文献查阅和实地调查基础上，对北京郊区村落发展历史进行了详细梳理，并分析了京郊村落形态和分布特点[②]。肖大威指导的多篇硕博论文分析了村落的文化传承对村落空间形态、营建策略及保护规划的影响和现状困境。

对于北京村落的研究而言，张大玉（1999）从人与环境的关系即人建造环境、环境影响人类发展入手对村落进行了研究，并且将成果与现代城市空间设计进行联系，认为城市设计应当借鉴聚落设计[③]。陈志华（2005）阐述了北京古城聚落的保护，从北京城的整体层面，对空间、街巷、建筑等保护措施进行阐述[④]。张建（2011）研究了北京传统村落保护与北京历史文化名城保护的关系，关于其中的相同与不同之处做了详细解释，并就两者的保护提出了自己的见解[⑤]。赵之枫（2008）[⑥]、刘沛林（2010）[⑦]、薛林平（2015）[⑧]对北京古城村落的保护做了大量的探究。

针对京西传统村落，业祖润（2000）以爨底下古村为例，从村落选址、形态等方面分析研究了传统村落的价值与保护方式，为传统村落价值及保护规划提供了启示与借鉴[⑨]。孙克勤等（2006）对京西古道沿线的三十三个传统村落进行了实地走访调研，梳理出大量的文献与图像资料，详细介绍了京西古道的文化脉络与沿线传统概况[⑩]。通过对京西传统村落中的文化特征进行分析提取，提出对京西传统村落文化保护方面的建议，并且对其进行了深入探讨[⑪]。欧阳文（2011）通过文献调研与实地勘测等方式对京西琉璃渠村的空间特征进行分析，从公共空间的形态、要素等方面挖掘传统村落的文脉价值，探讨京西传统村落空间形成过程中人的活动与公共空间的关系[⑫]。另外，还有不少画册利用老照片记录的方式，对京西地区

① 王其钧. 宗法、禁忌、习俗对民居型制的影响 [J]. 建筑学报, 1996, （10）: 57-60.
② 尹钧科. 北京郊区村落发展史 [M]. 北京: 北京大学出版社, 2001.
③ 张大玉, 欧阳文. 传统村镇聚落环境中人之行为活动与场所的分析研究 [J]. 北京建筑工程学院学报, 1999, （01）: 11-23.
④ 陈志华. 再说古北京城的整体保护 [J]. 世界建筑, 2005, （03）: 100-101.
⑤ 张建, 刘嘉, 奚江波. 北京传统村落保护方法初探 [J]. 北京规划建设, 2011, （03）: 50-53.
⑥ 赵之枫, 高洁, 陈喆. "陵邑"村落的发展变迁和转型研究——以北京昌平区十三陵镇泰陵园村为例 [J]. 华中建筑, 2008, （06）: 96-100.
⑦ 刘沛林, 刘春腊. 北京山区沟域经济典型模式及其对山区古村落保护的启示 [J]. 经济地理, 2010, （12）: 1944-1949.
⑧ 薛林平. 北京传统村落 [M]. 北京: 中国建筑工业出版社, 2015.
⑨ 业祖润. 现代城镇建设与古村文化保护——北京爨底下古村价值与保护探析 [J]. 小城镇建设, 2000, （09）: 64-68.
⑩ 孙克勤, 宋官雅, 孙博. 探访京西传统村落 [M]. 北京: 中国画报出版社, 2006.
⑪ 孙克勤. 解读京西传统村落的文化遗产 [J]. 北京规划建设, 2007, （01）: 166-169.
⑫ 欧阳文, 周轲婧. 北京琉璃渠村公共空间浅析 [J]. 华中建筑, 2011, （08）: 151-158.

传统村落的民俗活动、建筑及古迹等进行了展示[①]。此外还有多篇硕博论文对京西村落进行了细致研究。

国内学者们对传统村落的研究，取得了较为丰富的研究成果。自20世纪80年代以来，国内研究成果多集中在建筑单体营造、技术理论以及遗产保护更新理论等方面。第一，研究成果大多是对基础资料的收集整理与分析工作。第二，多为针对单体村落或地区村落的研究。第三，对文化与村落之间的关系研究关注较少。从不同的视角对村落营造、保护策略等诸多方面进行研究，为本书研究打下了坚实的基础。在北京城镇经济与文化快速发展的背景下，基于文化模式的京西古道传统村落的营造体系，有待进一步深入研究。

1.4 京西传统村落的环境

北京城历史悠久，距今已有三千多年的建城历史。"古幽蓟之地，左环沧海，右拥太行，北枕居庸，南襟河济，诚所谓天府之国也"[②]。距今70万年在今北京西南周口店发现的北京猿人是人类发源地之一。据史书记载，西周时期燕国国都蓟城，是最早见于对北京城的文献，当年的蓟城位于现今北京的西南部。北京城一直是中国的北方重镇，先后经历了辽陪都、金上都，在元代以后，北京便一直成为国都。

北京西部地区，主要是指门头沟区。这里位于西山脚下，东临京城，西出塞外，与黄土高原、内蒙草原相连接，自古以来就是北京与外部联系的重要纽带和军事屏障。这个地区自然与历史环境成为京西传统村落发生和发展的前提与基础。

1. 地理位置

京西门头沟区，东接石景山区、海淀区，南连丰台区、房山区，北邻昌平区、河北省怀来县，西与河北省涞水县、涿鹿县交界（图1-1）。全区呈扇形，东西长约62公里，南北宽约34公里，总面积1448.9平方公里[③]。

门头沟区地理坐标为东经115°25′0″至116°10′07″，北纬39°48′34″至40°10′37″之间。现辖清水镇、斋堂镇、雁翅镇、王平镇、妙峰山镇、军庄镇、龙泉镇、永定镇、潭柘寺镇九镇和大台、城子、东辛房、大峪四个街道办事处。截至2016年末，全区常住人口31.1万人，比上年增加0.3万人。户籍人口总户数120557户，总人数251208人，其中非农业人口206258人，农业人口44950人。

---

① 陈志强. 散落京西的山地古村落［M］. 北京：中国和平出版社，2008.
② （明）张爵. 京师五城坊巷胡同集［M］. 北京：北京古籍出版社，1982.
③ 门头沟区人民政府门户网站. http://www.bjmtg.gov.cn/zjmtg/dlgk/

图1-1　门头沟区卫星图

2. 自然环境

门头沟区以山地为主，属于太行山系小五台余脉，这里是华北平原向内蒙古、黄土高原过渡的地带。地势由西北向东南倾斜，呈阶次降低。其中西北端东灵山，海拔2303米，为北京市第一高峰。位于清水镇内的百花山，海拔1990米，是北京市次高峰。全区最低处为位于东南部永定镇，海拔约为73米。区内山地形成了四道大山梁，山梁之间通过次山梁和沟谷连接，山形挺拔高峻、险峰叠嶂。多山成为门头沟区一个显著的地貌特征，大约占整个区域的98.5%。

区内气候属于中纬度大陆性季风气候，温度变化明显，春季干旱多风，夏季炎热多雨，秋季凉爽湿润，冬季寒冷干燥，四季分明。由于受到地形起伏影响，局部气温变化较大。全区年平均气温近12℃，西部斋堂镇一带在10.2℃左右。无霜期平均为200天/年。日照时数较多，年平均日照2470小时。降水量自东向西逐渐减少，降水量年平均降雨量为500～600毫米。

全区水系丰富，分属于永定河、大清河、北运河三个水系。其中，永定河属于海河水系，流经区域河道长约100公里，影响流域面积最大，占全区总面积94%。境内有刘家峪沟、清水河、湫河、清水涧、苇甸沟、樱桃沟、军庄沟等17条较大的支流。大清河水系的白沟河流经境内，流程较短，出境后入房山区界。北运河水系，在区域内分为有两个部分，分别流向昌平区和海淀区界。适宜的温湿度、丰沛的水源、相对平缓的河畔台地形，为聚居成村提供了有利的地理条件。

3. 历史沿革

门头沟区历史悠久，人类很早便在此活动。据目前可考证的资料可追溯到距今11万年前。经考古发现推测，区域早在旧石器时代就有动物活动印迹。"前桑峪古人类化石和遗址的发现，表明门头沟清水河流域的斋堂盆地，自旧石器时代起，就是古人类活动的区域"。①位于门头沟区军饷乡东胡林村附近发现的"东胡林人"遗址，是新石器时代早期的人类文化遗址，距今大约1万年，这表明此时已有人类聚居，古村落具备了原始的雏形。

门头沟区地处古冀州，周属于幽州，春秋战国时期为侯国燕地。燕昭王二十九年（公元前283年），设上谷、渔阳、右北平等五郡，东西部分别归渔阳、上谷管辖，成为隶属行政建制之始。秦汉之后，区域内东部和西部分别隶属于不同的行政管辖，直至唐建中二年（公元781年），设置幽都县，开始在该区域内设置为县。唐乾宁三年（公元896年）并入玉河县。辽之后，设立宛平县。宋元明清各代，虽隶属所用变化，主要以宛平县为管辖范围②。

可以看出，门头沟区在历史上绝大部分属于京畿宛平县。新中国成立初期区域内今龙泉镇、永定镇、潭柘寺镇属于北京市门头沟区，其余归属于河北省宛平县。1952年9月，撤宛平县、门头沟区、矿务局，成立京西矿区。直至1958年5月，恢复门头沟区行政区域，矿务局单独设立。

在几千年的历史发展过程中，门头沟区行政管理体制相对健全，这说明该区域一直拥有相当数量规模的人口，为村落的发展奠定了良好基础。

---

① 政协北京市门头沟区学习与文史委员会. 京西古村［M］. 北京：中国博雅出版社，2007.
② 政协北京市门头沟区文史资料研究委员会. 京西古道［M］. 香港：香港银河出版社，2002.

第2章　京西古道溯源

京西地区，地形多样，海拔落差大，自古以来该地区物产便十分丰富，尤其蕴藏着丰富的煤炭和矿业资源。自元朝起，京城百万人家的日常生活用煤，主要来源于这里。京西地区成为北京城的主要能源供应基地。此外，这里还出产各种矿石，主要为石灰石、白云石、花岗石等，同时文明全国的琉璃生产也是京西地区的主要产业。这些产业不断刺激京西地区与其他地区之间的商贸往来，伴随着煤炭贸易和琉璃制品交易，运输驼队马群，日月交替，年复一年，在西山广阔的区域范围内形成纵横交错、四通八达的道路，联系起了与京城，乃至山西、内蒙古的商旅之路，成为京西古道发源并得以壮大的主要原因。

京西地区，宗教信仰集中，寺庙多样繁杂，儒道释各类庙宇遍布于京西各处。京西寺庙历史悠久，"先有潭柘寺，后有北京城"的谚语，反映出了京西地区很早便有了建寺修庙的活动。京西地区的潭柘寺和戒台寺已经分别有1700年和1300年历史，成为北京重要修佛理心之所。自明代以来，京西地区建庙修庙逐步渐入高潮从未间断。寺庙进香，祈求神灵保佑，成为宗教的重要活动。人群在寺庙附近汇聚，逐渐形成祭祀、娱乐和购物等功能复合的庙会。宗教与民俗活动的兴盛，促进了道路的形成，庙会香道成为京西古道的重要组成部分。

京西地区是历史上的军事屏障，是拱卫北京城的重要防线。《宛平县志》中记载着"皇居右胁，千山拱护，万国朝宗。山奥而深，土肥而衍"。京西地区被称为"神京右臂"。自古以来，京西地区凭借着西部的天然屏障，成为历来统治者重要的军事防御设施建设之地。自战国以来，燕长城得以修建于此，南北朝时期的"畿上塞围"、北齐"重城"、隋唐长城、元代"元末垒寨"、明代"次边长城"等，历朝历代通过筑长城、修关隘、设戍兵，控制西山，形成纵深发展的军事道路。

京西地区商贾古道、军事道路、庙会香道，互用有无，纵横交错于整个地区，保持了与京城和其他区域的往来，形成京西古道的主要内容。京西古道以西山大路为主干线，纵横南北的各条支线道路与其相连，其中最主要的为王平古道、玉河古道、庞潭古道三个部分。

京西古道承载着厚重的文化历史信息，在地理交通文化、物产运输文化、民俗宗教文化等多个层面都有丰富的体现。随着历史变迁、自然侵蚀和人文更迭，古道早已不复先前的繁盛。记载古道历史的文献资料相对匮乏，因此古道修建于何年尚无确切的文字可考。本书通

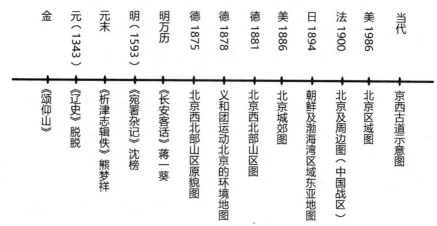

图2-1　记载京西古道图文的部分资料梳理

过已搜集到的文字和图像资料，对京西古道的组成关系和路径走向等问题进行一定范围内的研究追溯（图2-1）。

2.1　历史变迁

据现有的文献资料，京西古道的发源滥觞已无据可考，但从遗存的碑文诗词与书籍资料中可以梳理出古道的发展与变迁。

京西古道自永定河流域起，穿越西山。西山山脉与永定河形成的山峡河谷成为天然通道，人类利用天然通道进行活动形成了山间小径，可以称为西山最早的道路。

汉代司马迁在《史记》中记载道："轩辕之时，神农氏世衰。诸侯相侵伐，暴虐百姓，而神农氏弗能征。于是轩辕乃习用干戈，以征不享，诸侯咸来宾从。而蚩尤最为暴，莫能伐。炎帝欲侵陵诸侯，诸侯咸归轩辕。轩辕乃修德振兵，治五气，艺五种，抚万民，度四方，教熊罴貔貅䝙虎，以与炎帝战于阪泉之野。三战，然后得其志。蚩尤作乱，不用帝命。于是黄帝乃征师诸侯与蚩尤战于涿鹿之野，三战，然后得其志。蚩尤作乱，不用帝命。于是，黄帝乃征师诸侯，与蚩尤战于涿鹿之野，遂擒杀蚩尤。而诸侯咸尊轩辕为天子，代神农氏，是为黄帝。天下有不顺者，黄帝从而征之，平者去之，披山通道，未尝宁居"。黄帝"披山通道"，将西山与中原相连，这可能是西山最早的修路之举。之后历代对西山道路都有所修建。唐末五代时期，刘仁恭设置玉河县，以大安山为中心，修建玉河道，通向四方。古道的修筑有官修也有民修，规模至明清时期达到顶峰。

1. 辽金时期

据《辽史》第十二卷，本纪第十二圣宗三中记载，统和七年（公元989年）攻破宋朝易州，将军民迁于燕京。"丙申，诏开奇峰路通易州市。"这里的奇峰路，从紫荆关北行，在齐家庄与西山大路相接，被称为"南京重要交通干线之一"，是较早关于官修西山古道历史的文字记载。《金史》卷四十七志第二十八记载，在大定二十一年，由于"近者大兴府平、滦、蓟、通、顺等州，经水灾之地，免今年税租。不罹水灾者姑停夏税，俟稔岁征之。"时中都大水，而滨、棣等州及山后大熟，金世宗完颜雍"命修治怀来以南道路，以来粜者。又命都城减价以粜。"修治大道通往怀来等地运粮食，是京西古道的重要发展阶段。

从遗存的碑文中也能发现与古道相关的内容。诗文《颂仰山》（金）中"路阔岩高碧涧流，山花开遍接云楼"，描述京西古道上的仰山栖隐寺[1]。仰山栖隐寺创建于辽代，盛于金。据刘定之《重建仰山栖隐寺碑记》记载，寺院面积达一万平方米，可见庙宇之规模宏大。记载表明在金大定二十年，金世宗完颜雍"命元冥觊公开山，赐田设会度僧万人"。随着仰山栖隐寺的繁荣，通往平原和京城的道路也得到开通，形成京西古香道，起到重要的交流联系作用。此外，《门头沟清代煤业合同窑址考》一文中提出门头沟煤业的开采历史始于辽、金时期[2]。由此可见，官修与民修，运送粮煤与上山进香共同奠定了京西古道繁荣的始端。

2. 元朝时期

北京作为元朝的国都，城中皇宫贵族和普通百姓的生活都需要大量的燃料，柴草、芦苇成为使用最为普遍的燃料，因此便有"南出枢密院桥，柴场桥，内府御厨运柴苇俱于此入"[3]的记述。元代绘画作品《卢沟运伐图》描绘了从西山甚至更远的地方砍伐的木材，沿着浑河（即现在永定河），运送到卢沟桥两岸的繁忙景象。元代设置了柴炭局，专门用以管理采薪用煤的管理工作。《元史》记载：在中统三年（1262年）设立的"养种园"，职责之一就是"掌西山淘煤，羊山烧造黑白木炭，以供修建之用"。"羊山"又称为"仰山"，位于今门头沟区上苇甸镇一代。至元二十四年（1287年），设立了徽政院管辖下的西山煤窑厂，"领马安山、大峪寺石灰、煤窑办课，奉皇太后位下"。这里的马安山，位于现今门头沟区潭柘寺镇以东。这些记载都说明了京西地区从元代以来，就成为供应北京城煤炭资源的重要基地。创修于世祖至元二十三年的《元一统志》卷一·大都路记载"石炭煤出宛平县西四五十里大谷（峪）山，有黑煤三十余洞，又西南五十里桃花沟有白煤十余洞"[4]，可见自元朝起京西大山中的煤炭开采规模之大，运煤的古道也逐渐形成。描述古道的众多诗文中，最为脍炙人口的当属马致远的《越调·天净沙·秋思》，诗中描写的就是京西古道中落坡村的景象。

① 易克中. 京西古道诗词［M］. 北京：团结出版社，2013.
② 潘惠楼. 门头沟文化遗产精粹——京煤史志资料辑考［M］. 北京：北京燕山出版社，2007.
③ （元）熊梦祥. 北京图书馆善本组辑. 析津志辑佚［M］. 北京：北京古籍出版社，1983.
④ （元）孛兰盻等编纂，赵万里辑. 元一统志［M］. 北京：中华书局，1966.

元末熊梦祥撰的《析津志》记载元大都的修文坊前有煤市，是专门煤炭交易市场[1]。清末缪荃孙从《永乐大典》辑出的《顺天府志》中写道："煤炭出城西七十里大峪山，有黑煤洞三十余所，土人恒采取为业。……其用胜于然薪，人赖利焉。又西南五十里桃花沟有白煤十余里。水火炭出城西北二百里斋堂村，有炭窑一所"[2]，其中"大峪山"在今门头沟大峪一带，"斋堂村"在今门头沟斋堂镇，"黑煤""白煤"则说明煤的品种，这些反映出了元代京西煤炭的开采情形。《析津志辑佚》中描述道："西山所出煤炭、木植、大灰等物，并递来江南诸物，海运至大都呵，好生得济有"，以开河加快京西煤炭的运输，然而由于地势差异，水流湍急，未作进一步利用。"城中内外经济之人，每至九月间，买牛装车。往西山窑头载取煤炭，往来于此。新安及城下货卖，咸以驴马荆筐入窑，盖趁其时。冬日，则冰坚水涸，车牛直抵窑前；及春则冰解，浑河水泛则难行矣"。通过陆路运输，成为当时京西门头沟运输煤炭的主要通道，促进了古道沿线村落的驿站商贸文化发展，京西古道沿线一代开始进入繁荣时期。

3. 明朝时期

明代永乐年间营建北京城以后，对于柴草、煤炭的消耗与需求大大超过了元代。《明宪宗实录》卷263中记载，明成化二十一年（1485年），工部尚书刘昭的奏疏："近年军民人等往往投托内外势要，或开窑取煤，或凿山取石"。《明武宗实录》卷13中记载，礼部右侍郎丘濬认为："今京城军民，百万之家，皆以石煤代薪，除大官外，其惜薪司当给薪者，不过数千人之烟爨，无京民百分一，独不可用石煤乎"。大力推广使用煤炭，成为京城的主要能源供给。《明经世文编》卷七十三中写道："今京城居民百万之家，皆以石煤所代薪，近郊地在翻成远，出郭身来始是闲"。因此煤运的商道已成为京西古道的主要功能。文人墨客也用诗句来描述京西古道的壮美。明代大学士李东阳《西山》一诗叹曰"日日车尘马足间，梦魂连夜到西山"，由此可见明代时西山的道路已颇具规模。对西山道路有较全面描述的，最早当属《宛署杂记》。著者沈榜（明），利用担任宛平县知县职务之便，搜集了相关资料，记载了当时社会的政治、经济、历史、地理、民俗、风情等相关内容，在北京史书匮乏的封建社会，它实际是宛平的县志，也是北京最早的史书之一。其中卷五·街道一节，明确描述了宛平县正西道路的走向与经过的村庄，这一记载的道路与京西古道正好吻合[3]。

"县之正西有二道：一出阜成门，一出西直门。自阜成门二里曰夫营，又一里曰二里沟，又二里曰四里园、曰钓鱼台、曰曹家庄、曰三虎桥，又四里曰八里庄。又分二大道：一道二里曰

---

① （元）熊梦祥著. 北京图书馆善本组辑. 析津志辑佚［M］. 北京：北京古籍出版社，1983.
② （清）缪荃孙据《永乐大典》辑出《顺天府志》［M］. 北京：北京大学出版社，1983.
③ （明）沈榜. 宛署杂记［M］. 北京：北京古籍出版社，1980.

两家店、曰松林村、曰阮家村、曰田村，又七里曰黄村、曰黑塔村、曰七家村、曰新庄村、曰北下庄村、曰撅山村，又八里曰磨石口，又二里曰高井村，又五里曰麻峪村，又五里曰五里坨，又五里曰三家店。西有浑河，三家店过浑河板桥正西约二里许曰琉璃局，又五里曰务里村，又五里曰柔儿岭，又五里曰蝎虎涧，又五里曰牛脚岭，三里曰桥儿涧，又五里曰落坡村，又五里曰马哥庄，又五里曰桃园村，又五里曰石骨崖，八里曰王平村。其旁横者曰石鼓台、曰清水涧、曰桃园村、曰大台村、曰彭家滩、曰安家庄、曰河南台、曰雁翅社、曰太子墓、曰虾蟆岭、曰魏家套、曰河东台、曰青白口村、曰牛拱村、曰黄崖村、曰碣石村、曰沿河口、曰杏叶口、曰朱窝村、曰马家套、曰长峪村、曰房良村、曰栗树台、曰芹峪村、曰苇子水、曰田家庄、曰湖头村、曰白家台、曰碧瓳台、曰佛字岭、曰水泉村、曰庄窝台、曰菩萨墓、曰狼子峪、曰东赵家台、曰西赵家台、曰漆园村、曰刮草地、曰吕家坡、曰安家滩、曰彭家台、曰王家岭。以上各村，俱棋布王平村之四方，无正路云。又十里曰王平口，为过山总路。"

　　文中描述了从阜成门出发，经过二里沟（今二里沟），到达八里庄（今八里庄）。分支出的一支大道，从两家店（现已不存在），经过田村（今田村）、磨石口（今模式口）、高井村（今高井）、麻峪村（今麻峪）到达三家店（今三家店村）。由三家店起，经琉璃局（今琉璃渠）、桥儿涧（今韭园村）至王平村（今王平村）。其间众多横向支路，与这支大道共同组成了今西山大路北道。

　　"一道自八里庄八里曰南田村、曰羊望店、曰拱扒村、曰宛家村、曰核桃园、曰朱哥庄、曰枣林村、曰沈家村、曰魏家村、曰打靛厂、曰要哥庄、曰田哥庄、曰张义村、曰吴家村、曰瓦窑头、曰东安庄、曰鲁国、曰南下庄、曰八角庄、曰古城村，又五里曰宫村，又三里曰杨家庄、曰北西安，又四里曰石景山。近浑河有板桥，其旁曰庞村、曰杨木厂沿浑河堆马口柴处。石景山之左径八里曰曹哥庄，又二里曰冯村，又三里曰上安村，又五里曰新城，又三里曰卧龙岗，又三里曰小园村，三里曰石门营，又二里曰何哥庄，又二里曰石厂。过罗角岭十里曰张哥庄，五里曰鲁家滩本村南房山界。迤西北三里曰新房村，又五里曰平院村，又四里曰草店村，又三里曰羊保园，又五里曰赵家台，又五里曰十字道，又五里亦至王平口。石景山之右径十里曰大峪村、曰后台村，又五里曰城子村，又五里曰龙门村、曰中峪村，又四里曰东新房、曰西新房，又三里曰门头村、曰要家坡，又二里孙家桥，又三里曰梁家桥、曰天桥，又二里曰大横岭、曰孟家胡同，又五里曰官厅村，又十里曰峰口鞍。过岭西曰黄石港，又七里曰抢风坡，又十里曰十字道、曰青山岭，又十里亦至王平口，与前诸道相会于此。又五里曰窄石台，又五里曰板桥村、曰禅房、曰庄窝台，又五里曰千人台，又十里曰大汉岭，又八里曰泥窝村，又十五里曰军下村、曰桑峪村、曰冷水村，又十里曰东胡家林，又三里曰西胡家林、曰火钻村有清河，即放马口柴处。又五里曰东斋堂村、曰西斋堂村，又八里曰马兰村。过马兰岭又二十里曰鸡儿台、曰青土涧，又二十五里曰柳林水，又十五里至矿山，与房山界相连。矿山稍西二十里至史家营，曰莲花庵、曰秋林铺、曰白虎头、曰刘站村、曰北山村，又十三里曰刁窝铺，又七里曰下清水、曰上清水、曰杜家庄、曰张家庄、曰齐家庄、曰塔河村、曰王安村、曰减长村、曰艾峪村、曰龙窝村，又五里曰梁家庄，又三里曰李家庄，又五里曰燕家台、曰柏榆村，又五里曰天津关，三里至口外保安州界。自西直门五里曰白石桥，又三里曰豆腐闸，又三里曰麦庄桥，又四里曰南务村，又五里曰小屯村、曰馒头村，又三里曰罗角庵，为山所隔，其山后各村，皆自西北路绕行，始可相通。"

文中描述的道路是从八里庄分支出的另一支古道。该古道在石景山分成两个分支。与现在的庞潭古道（西山大路南道）、玉河古道（西山大路中道）以及部分支路的走向一致。众多道路交汇于王平口，汇成一条大道，往西延伸与京外地区联系。

"县之西北出西直门一里曰高郎桥，又五里曰篱笆房、曰苇孤村，又二十里曰辄子营，又十里曰北海店，其旁曰小南村、曰八沟村、曰牛栏庄、曰中务村、曰北务村、曰普安店、曰卧佛寺、曰碧云寺、曰香山寺、曰瓮山寺、曰白家滩、曰小石窝、曰新庄村、曰高丽村、曰周家巷、曰南安河、曰北安河、曰㟷头村、曰大觉寺、曰孟窝村、曰东山村、曰香芋沟、曰杨家坨、曰寨口村、曰灰峪村、曰军庄村、曰陈家庄、曰仰山村、曰三义涧、曰冷角庄、曰弹里村、曰丁家滩、曰下苇店、曰上苇店、曰马郎庵、曰田家庄，以上各村，俱纵横北海店之四方，与昌平州地方犬牙。又八十里曰高窑口，又四十五里曰长峪城，又四十里曰马泡泉，又四十里曰镇边城，又十里曰横岭，抵边城。"此道为京西古道支路，村落沿昌平边界分布，与现今古道状况相似。

由《宛署杂记》中描述的线路大致与如今保留线路基本相符（图2-2）。从各个古道的相对位置和走向判断，从三家店出发的王平古道涵盖了京西古道东侧平原地区的主要道路，为京西大路北道；从大峪出发的玉河古道，位于西山中路，为京西大路中道；从曹各庄出发的庞潭古道，位于西山南部，为京西大路南道的主要道路。

4. 清朝时期

清朝时期京城人口众多，京西的煤炭已成为不可或缺的资源，为保证京城用煤，清政府不仅开采官窑，更鼓励民窑，清朝采煤业达到顶峰，通往西山中的道路也进行了大肆修整，以便运输。《日下旧闻》载："由门头村登山数里，至潘阆庙三里上天桥，从石门进二里至孟家胡同，民皆市石炭为生。三里至流水壶泉，自石罅分流灌园，扳蹬三里至官厅，路凡十八折至风口岩，两山距立如门，有庵房数间……风口岩今有观音庵，殆即宋启明《长安可游记》所称庵房数间者也。"这里引用了宋启明所著《长安可游记》中的描述，文中潘阆庙已无存，其余则包括今门头沟以西的门头村、天桥浮村、拉拉湖、官厅等村。文中所描述的道

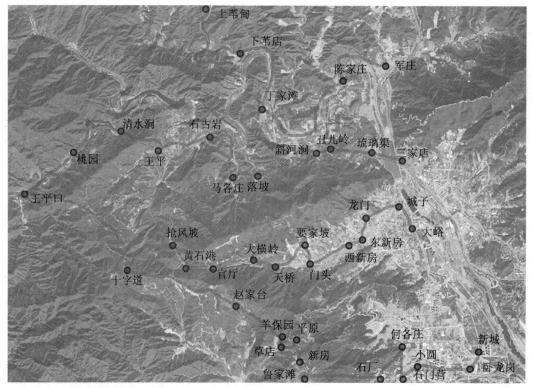

图2-2 《宛署杂记》描述线路

路走向与西山大路的中道相吻合，也说明了该道路的重要性。

康熙《宛平县志》卷六·艺文志记载："通公邀公会议变色曰：此山即不便凿石为灰，亦当不便取煤为薪。公曰：然。通公怒甚，曰：都人炊爨是赖，信而言则断却百万家烟火矣。公笑曰：据公言，都城百万家烟火之煤尽取足于此，则此山之煤值与金……"，说明了清朝对煤炭业的依赖。

现存于门头沟三家店村白衣观音庵内，立有清同治十一年（1872年）的《重修西山大路碑》，碑文有以下记载："盖闻造桥梁以济人渡，修道路以便人行，务民之义，此善举之第一也。况西山一带仰赖乌金以资生理，而京师炊爨之用犹不可缺，道路忽而梗塞，各行生计攸关。兹因上年天雨连绵，夏秋之际涧水涨发，将稠儿岭西水峪嘴村泊岸大道冲断二十余丈，郝家楼重修上道六十余丈，牛角岭西桥儿涧村大桥冲断，再石古岩西小岩子道冲断，以至吕家坡口子、西大岭各处要路冲塌，沿途栏墙倒坏，客商叹息，难以来往，煤驮阻滞，不能运京，工程浩大不敢擅举。由此首事人等会同众村公议，修补费资万数余吊，幸恃垫办诸公闻风而尚，不足两月厥工告成，往来通达，人人快意。若非办理秉公，安得众村随愿。于是填写骡驮布施，并募化煤厂铺户以及煤窑，众善鼎力辅助，共襄胜事。故撰记勒石，以为后之

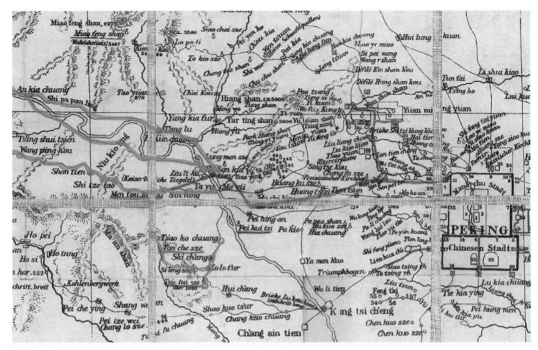

图2-3　北京西北部山区原貌图（局部）
资料来源：作者转绘the United States Library of Congress's Geography & Map Division 网站（（德）E. Bretschneider. 1875）

好善者劝云尔"。从文中可以看到，在清同治十年（1871年），西山大路因为洪水冲垮，而导致客商往来受阻，不仅影响了京师炊爨，同时也给各行各业带来不小冲击。

2.2　分布走向

京西古道分布走向问题，除了上述文字中的记载外，能够比较准确地反映出来具体的走向便是现存的北京地图资料，其中权威的著者包括侯仁之先生编著的《北京历史地图集》[①]、国家图书馆编著的《北京古地图集》[②]等。此外，美国国会图书馆在线地图也可以提供一些详细资料，可以比较明确京西古道的分布与走向。本书结合现有著作，重点分析了美国国会图书馆在线馆藏的资料，通过比较全面的明清时代京西地图，解读历史地图，进一步探寻京西古道。

从图书馆资料中发现，最早可以辨析京西地区的道路情况为1875年由德国人E. Bretschneider所绘制的地图（图2-3）。图中清楚地显示出两条道路。一条是永定河沿岸道路，经san kia tien（三家店）、liu li ku（琉璃渠）、kun chuang（军庄）、tang lu（担礼）向西延。另

---

① 侯仁之. 北京历史地图集［M］. 北京：北京出版社，1988.
② 苏品红. 北京古地图集［M］. 北京：测绘出版社，2010.

一条为玉河古道路径，经ma yu（麻峪）、ta yu（大峪）、sin fang（东西辛房）、men tou kou（门头口），过shi tien tao（十字道）、niu kio ling（牛角岭）、shan tien（小店子），到达wang ping kou（王平口），之后向西延。此两条古道走向清晰，与《宛署杂记》记载线路大致相同。

另有经tsao ko chuang（曹各庄）、shi chang（石厂）、kolotur（苛萝坨），到达tsie tui sze（戒台寺）；经kolotur（苛萝坨），过si leng sze（西峰寺）、tan che sze（潭柘寺）、ma an shan（马鞍山）等的古道线路。

从地图的表达方式看，现京西古道的北、中、南三个分支都有所体现。其中北、中部两条古道表达清楚。经过近300年的时间洗礼，京西古道的主干道基本保持不变，但沿永定河水系的道路却发展起来了。永定河不仅能够为周边村落提供日常及耕地用水，还提供了便利的水陆交通，两岸台地地势较高，有效预防了洪涝灾害，使得村落及商贸道路得以繁荣。

道路基本沿永定河岸分布，间或有一些分支。深山区与浅山区村落分布数量没有明显差异。明显标示出的节点为三家店、Ma-yu（麻峪）、monn-tou-kou（门头口）、wang-ping-kou（王平口），另有三家店村只标示了村落符号，由此永定河沿岸古道开始形成基本格局（图2-4）。

在北京西北部山区图中（图2-5），可清晰地看到San-Dshia-dien（三家店）、liu-li-

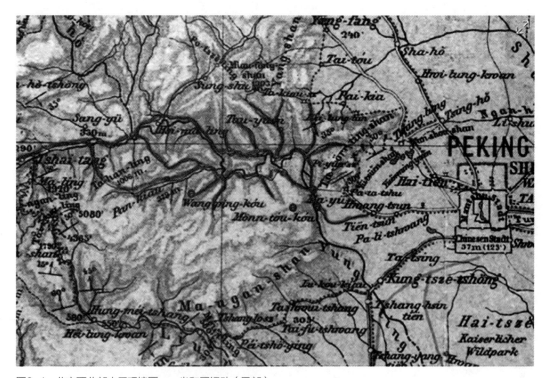

图2-4　北京西北部山区环境图——义和团运动（局部）

资料来源：作者转绘 the United States Library of Congress's Geography & Map Division 网站（（德）Ferdinand von Richthofen. 1878） dshu（琉璃渠）、shy-yu-tsw（水峪嘴）、shy-ga-nie（石古岩）、shai-shu-fa（色树坟）、wang-ping-tsun（王平村）、wang-ping-kou（王平口）等西山大路北道沿线村落名称，另可见有一条古道沿永定河岸分布。

　　值得注意的是，三家店在图中作为节点被重点表达出来。由此推断，京西古道主干路开始往北迁移，以三家店为主要节点村落的西山大路北道开始凸显其重要性。

　　1886年绘制的北京城城郊图中（图2-6），村落沿永定河岸分布，有三家店、琉璃局（琉璃渠）、軍庄（军庄）、陳各庄（陈各庄）、上葦甸（上苇甸）、下葦甸（下苇甸）、黄土台、千軍台（千军台）、庄窩（庄户）、板橋（板桥）、王平（王平口）、王平村（东王平、西王平）等。

　　北京城城郊图中道路并不明显，但所标示村落均为西山大路北道和沿永定河岸的传统村落，其中三家店村以红色方块得以加强表示。由此，奠定了西山大北路——王平古道主干道的地位。

　　从1900年绘制的地图中分析（图2-7），与先前地图明显区别在于，地图中部分道路有所加粗，用以区分道路等级的重要性。其中，一条图示较粗道路在三家店向西与京西道路相连接。此路向西由san-kia-tien（三家店）开始，经liu-li-ku（琉璃渠）、Ouang ping

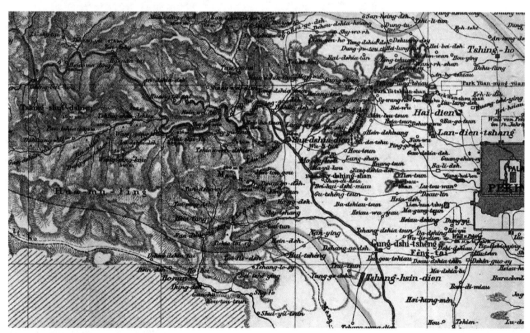

图2-5　北京西北部山区图（局部）

资料来源：作者转绘the United States Library of Congress's Geography & Map Division 网站（（德）Kiepert, Richard；Möllendorff, Otto Franz Von.1881）

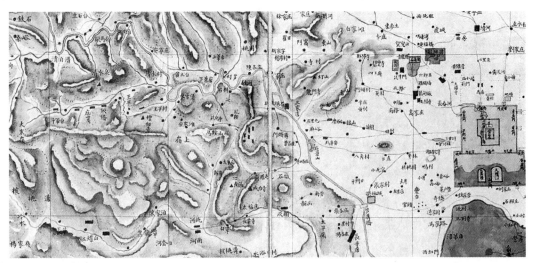

图2-6　北京城郊图（局部）
资料来源：the United States Library of Congress's Geography & Map Division 网站Map of Beijing and its environs（（美）Rockhill, William Woodville.1886）

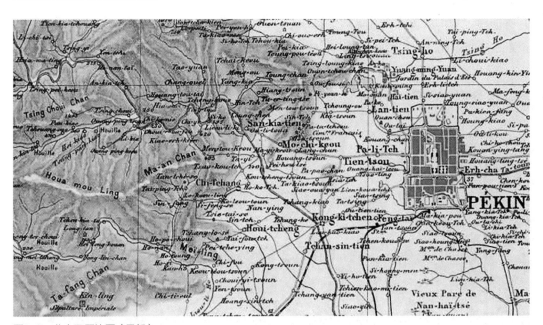

图2-7　北京及周边图（局部）
资料来源：the United States Library of Congress's Geography & Map Division 网站Théâtre des opérations en Chine：environs de Pékin（（法）Armée. Service Géographique. 1900）

tsoun（王平村），至王平口。另一条由门头沟境内ta-yu（大峪）起，与三家店起的另一条古道汇合，经men-tou-keou（门头口）至王平口。两路汇合后向西沿线有Pan kiao（板桥）、Tchouang ouo（庄窝、现名庄户）、Kan kin tai（千军台）等村落。由此可以看出，三家店村作为古道的重要节点，具有一定起始性质，可以称为西山大路北道的东始端。沿永定河而形

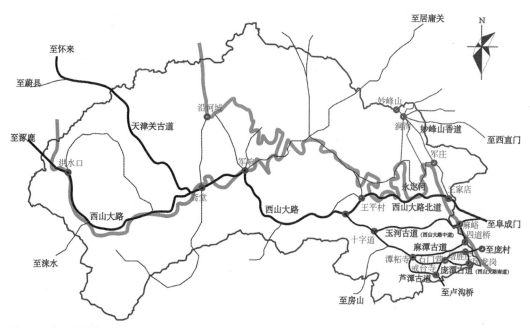

图2-8　京西古道示意图

成的西山大路北道，成为古道的重要内容。由同一时期的地图对比研究发现，西山大路北道在京西古道中占据着重要的位置，平坦的地理优势是交通便利的先决条件。清末的西山大路北道村落与明代记载差异不大，古道线路略有变化。

2.3　古道现状

京西古道遍布于北京西山之中，按照功能可以分为商旅古道、庙会香道、军事道路等，在更广泛的意义上，还可以包括以永定河为运输通道的水运河道。由于109国道的使用，古道年久不用，逐渐被荒废。现今能保持着原有古道走向的很少，沿线村落仍有存在的古道也为数不多，主要包括：西山大路的北段、中段和南段，同时还有斋堂附近、清水南北、妙峰山香道等局部有所保存（图2-8）。

西山大路北道，以王平古道为主。东起三家店村，跨过永定河，经琉璃渠、斜河涧、水峪嘴，过牛角岭关城，经桥耳涧、韭园、东西落坡、东西马各庄、东西石古岩、色树坟、河北村、吕家坡至王平口，之后向西延至京外。西山大路北道主要运送所产的煤炭，大部分驼马之队都使用此道汇聚于三家店村，再由此进入阜成门运送到京城之内。牛角岭在明清时期设有巡检司，建有关城，被誉为京西古道第一关，关城两侧基岩路面上留有大量蹄窝，清康熙四十二年（1703年）所立"永远免夫交界碑"，侧面反映出古道上的经济繁荣。西山大路北道与多条支道穿插形成京西道的主干道。现今，王平古道沿线村落除个别城镇化以外，大多数都保留下来。其中，三家店村、琉璃渠村、韭园村、东石古岩村分别入选中国传统村落名录。

西山大路中道，主要是指玉河古道。东起模式口，经麻峪村跨永定河，经过大峪村、东辛房村、门头口村、天浮桥村、拉拉湖村，翻过峰口庵，经过十字道，与西山大路北道汇聚于王平口，再一路向西通往斋堂，乃至山西等外地。玉河古道是通往王平口最近的道路，但由于高差较大，海拔从100米陡增到810米，因此主要依靠驴骡驮运。清代，玉河古道曾是北京城通往河北和山西最重要的大道。现今古道沿线村落大峪村、东西辛房村已经整体城镇化，圈门、门头口村、天浮桥村至拉拉湖一段沿线村落因涉及北京市棚户区改建项目已整体搬迁。

西山大路南道，包括庞潭古道、芦潭古道、麻潭古道等南部道路。庞潭古道东起石景山区庞村渡口，过永定河到潭柘寺，是西山大路主干道之一，也是京西古道中最为重要的一条古道，保留较好的是苛萝坨村至戒台寺段。芦潭古道东起卢沟桥，往西延伸至潭柘寺。这条古道，因皇家从京城到潭柘寺、戒台寺两寺进香而修，道路修建标准相对较高，路面平整，是典型的庙会香道。现今沿线村落，东部由于城镇化已经基本拆除，西部村落保存较好。

妙峰山香道，是京西地区保存最好的香道。妙峰山香道主要有六条，即北道、中北道、中道、中南道、南道、岭西道。其中相对著名有四条。民国奉宽所著《妙峰山琐记》记载："四条进香山道，南道山景幽胜，中道、北道亦佳，中北道次之。以道里计，则中道最近，中北道稍远，北道又远，南道最远"。南道从三家店村开始，过永定河经琉璃渠村、龙泉务村，从陈家庄上山过十八盘，到南庄、樱桃沟到涧沟村。古道上标志性建筑是茶棚，内设有神位，并提供食物、茶水和住宿等服务。清震钧所撰《天咫偶闻》中写道："京北妙峰山，香火之盛闻天下……岁以四月朔开山，至二十八日封山。环畿三百里间，奔走络驿，方轨叠迹，日夜不止。好事者联朋结党，沿路支棚结采，盛供张之具，谓之茶棚，以待行人少息"，这说明了当时茶棚对于香道的重要。同样，在《妙峰山琐记》中，"由京进香之路，出德胜及西直、西便各门"，据统计当年进香茶棚有28座之多，而今仅仅留存1座。

第3章　京西村落文化与习俗

村落是人类发展过程中的一种较为原初的聚居组织方式，是众多人口集中分布的区域，在人们生活中扮演着重要的角色。村落形成过程历经了丰富的自然与人文资源，蕴藏丰富历史信息。村落一方面养育了生活在其中的村民，人们因村而居、依村而耕，固定的居所为生活提供了基本的物质保障；另一方面人们在村落日常生活中不断进行交往，互相影响，逐渐形成相对和谐的相处模式，培育了具有一定地域性特点的文化特征与习俗民风。

村落在漫长的发展历程中形成一定的村落文化。京西地区村落有着特定丰富的地理条件，也有悠久复杂的历史背景，创造了具有深厚地域特色的文化与习俗。

3.1　文化特征

1. 农耕文化

中国传统村落是以农业作为主导产业发展形成的。传统的"男耕女织"的田园生活，奠定了中国传统的村落文化。与游牧民族不同的是，聚族而居孕育了精耕细作的模式和自给自足的生活方式，成为农耕文化产生、发展的物质前提。

京西地区很早便有了人类活动生活的足迹。斋堂镇发现的"东胡林人"遗址是新石器时代早期人类文化的发现。出土的遗物包括部分打制石器、磨制石器与细石器等，这些工具反映出了当时人们已经开始利用工具进行生产生活。真正具有实际意义的村落是以带有土地和耕种活动的出现为基础的，耕种成为村落产生与发展的必要条件。正如尹钧科在《北京郊区村落发展史》中所言，"在一定地域内的若干村落，其形成的时间有早有晚，形体规模有大有小，空间分布有疏有密，居民数量有多有少，房屋街巷有新有旧，经济财产有富有贫。如此等等的村落差异，是受多种因素综合影响的结果，其中既有社会人文因素，也有自然环境因素，但是，决定性因素还是区域内农业生产里的兴衰，农业开发的早晚和农业开发的广度与深度"[①]。辽金以后，随着京西古道的不断治修，京西村落初具规模。耕种成为村民生活的重要组成部分。尽管由于地形所限，京西没有广阔的平地用于耕作，但是只要有耕作的条件，便会依山就势开垦耕种，形成独特的阶梯耕田。马兰村位于斋堂镇境内，是始建于金元

---

① 尹钧科. 北京郊区村落发展史 [M]. 北京：北京大学出版社，2001.

时期的军户村落。村落处于群山山坳之中，山峰叠嶂，周围没有开阔的平原，人们通过开垦山地，形成依山就势的耕种田地（图3-1）。即便是京西煤炭开采后期逐渐发展，男劳力纷纷去"走窑"，在农忙季节也会回家重返农田，这充分说明了田地在京西村民心中占有重要地位。农耕是村落发展的立足点，在农作中形成与气候节气相关约定，也形成相应的文化内容。同时，农耕所用的器

图3-1　马兰村阶梯耕田

具更是村民家中必不可少的物件，这些都反映出了京西村落悠久的农耕文化。

　　朴素的农耕文化，养育了京西的普通百姓，也孕育了京西村落多姿多彩的文化，是京西村落文化形成的基础和发展的原动力。

2. 商贸文化

　　北京建都800多年以来，与京西煤炭有着密不可分的关系。京西的产煤业与京城用煤历史在建都前就已经存在。

　　京西煤业的历史可追溯到辽金之前，据民国时期的房山县志记载："发轫于辽金之前，槛觞于元明之后"。对龙泉务的辽瓷窑进一步发掘中，发现了煤渣和炉灰的遗迹，证实了京西用煤历史悠久。南朝政治家徐陵《春情》一诗中说道："薄夜迎新节，当炉却晚寒"，描写了人们在农历新年，除夕之夜围着暖炉守岁，迎接春节到来的场景，说明当时煤炭已得到普遍应用。金代词作家赵秉文有试《夜卧暖炕》曰："近山富黑壁"，说明当时京西山中产煤已众所周知。自元朝以来及至明清时期的京西煤炭在北京城内应用十分广泛，明清时期达到鼎盛。《元一统志》记载："水和炭，出宛平西北二百里斋堂村"，表明元朝时斋堂村已经出现了用水和煤混合成块，用以烧饭取暖的做法。

　　阜成门过去俗称煤门，是北京内城的西大门。运煤的车马驼队经常从此门进出城。旧时阜成门的城门上还挂着一块雕刻着梅花的汉白玉石，用谐音比作"煤门"。随着京城用煤量的增大，阜成门一门已经不足以支撑煤炭运输所需，因此，康熙年间西直门也承担起了运输驼队进城的工作（图3-2、图3-3）。

　　京西古道中的西山大路北道作为主要线路，位于京西古道的中间区域，作用不可替代。这条古道一直承担着煤炭运输和销售中转的功能，现存留下来的蹄窝便是当时繁忙历史的印迹（图3-4、图3-5）。古道沿线村落中产生了大量的围绕煤炭运输这一功能的业态，其中包括商行、商铺、客栈等，满足煤厂和运输驼队的需求。自此煤炭产业的发展带动了京西古道

图3-2　1917年阜成门情景

图3-3　1946年阜成门驮马进出

图3-4　王平古道遗址

图3-5　古道遗留的蹄窝

沿线村落相关产业的经济繁荣，很多村落现今仍保留着古道运输时期传统建筑的遗存，其建筑形态依旧可以寻找到煤炭商业影响下的文化特征。

3. 宗教文化

在中国古代封建社会的阶级统治下，强大的皇权被赋予可支配一切的力量，宗教信仰在影响皇权的同时也被皇权利用，借以掌控大众。中国农耕社会的独特文化也推动了宗教信仰的发展。京西地区依据其自身的特点主要形成两类宗教文化信仰。一类是在道教的影响下，以妙峰山娘娘庙为主的进香祈福文化，另一类是以自然农耕及永定河水源为主的水利祈福文化。

1）进香祈福文化

京西地区独特的地理位置造就了其独特的文化及民俗信仰。京西山林密布、河水蜿蜒，自然环境宁谧幽静，适合宗教文化扎根与流传。"先有潭柘寺，后有北京城"，潭柘寺早在西晋时期就已建成，随后众多宗教陆续传入。其中，道教逐渐发展壮大，在民间的影响尤为凸显。至明清时期，妙峰山的娘娘庙宗教地位逐渐确立，引发各地的民间宗教组织及个人远道而来进行朝拜，这个时期的宗教文化发展尤为迅猛。自清代康熙年间开始，每年农历四月初一至十五是北京金顶妙峰山香会，众多香客会到此朝顶进香，这里是京城周边地区民间信仰圣地。富察敦崇（清）的《燕京岁时记》就记载了妙峰山香会的盛况。"每年四月，自初一开庙半月，香火极盛"。"人烟辐辏，车马喧阗。夜间灯火之繁，灿如列宿。以各路之人计之，共约十万。以金钱计之，亦约有数十万。香火之盛，实可甲于天下"。京西古道沿线的传统村落至今依旧保留着进香的传统，虽然沿线茶棚早已湮灭，但一档档古香会却依然延续不断，绵延至今。随着进香朝拜活动的频繁出现，京西古道被赋予了另一项重要用途，即进香道路。京西古香道的开通对于京西地区来说是一次重要的转变，交通的便利使得朝拜的人群从京西各村落扩展到京城、河北乃至山西等地。各地进香的人群连年不断，不仅促进了附近村落庙宇的兴起，也推动了周边经济的持续发展。而反过来庙宇的壮大与经济的增长也促进京西古道的修建及开通。京西古道中的芦潭古道，曾被称为进香御道，即清朝皇家前往潭柘寺、戒台寺进香所走的道路。这条道路的修建也方便了京城周边的进香民众。现如今，虽然京西大多道路已被硬化，但前往娘娘庙的妙峰山古香道和潭柘寺与戒台寺之间的古道依旧保留着其历史作用（图3-6、图3-7）。

2）水利祈福文化

民间信仰的发展离不开宗教的影响。旧时民众对于宗教的信仰和神佛的崇拜普遍存在，但同时各地区根据自身的文化特点，也有自发形成的文化信仰，用以满足人们生产生活的精神需要。明清时期这些精神信仰融入大众的生活，影响着人们行为方式的方方面面。民间的婚丧嫁娶、庙会活动等无不渗透着信仰的身影。人们祈盼生产生活顺利，到各个庙宇进香朝拜以期实现，于是管旱涝的龙王庙、求多子的观音庙、保平安的关帝庙等遍布于各个村落之中。

京西地区拥有水量充沛的永定河，又有大清河、北运河等水系流经，区域内河流分支众多，因此其沿线村落内的祭祀空间除彰显忠勇、保平安的关帝庙外，大多为掌管旱涝的龙王庙。区域内的村落，大多以农耕经济为主，古时的农耕均为"靠天吃饭"，农作物的收获需要水源的滋养，但又惧怕洪涝灾害，因此村民大都祭拜龙王以祈求五谷丰登。此外，在保证了

图3-6　万缘同善茶棚

图3-7　妙峰山香道

图3-8　水峪嘴的龙王龛

图3-9　三家店的龙王庙

基本的物质生活需求之外，煤炭商业的发展也促进了村落经济的繁荣。人们为了获利更多，则大兴土木，修缮古道、修建板桥，用于开采、运输和贩卖煤炭。明朝名臣于谦就在《咏煤炭》中写道："但愿苍生俱保暖，不辞辛苦出山林"。人们在挖掘煤炭的过程中祈求掌管煤业的神灵保佑平安，在运输煤炭的过程中祈求掌管雨水的龙王保佑风调雨顺。

京西古道沿线龙王庙、关帝庙众多，源于古道紧邻的永定河，既作为农业灌溉用水，也架桥于其上用于运输煤炭。人们供奉祭拜多为乞求风调雨顺、河水平稳（图3-8、图3-9）。

4. 军事文化

京西山脉东西纵横、南北广阔，是防御外敌进犯的天然屏障。山间多峡谷关隘便于军事作战。春秋战国时期，西山作为燕国的西部边界，呈易守难攻之势。以长城为主体的军事

图3-10 牛角岭关城

图3-11 水峪嘴防御设施

防御体系从明代开始逐渐形成。除了城墙本体外，防御体系还包括一些传统村落内部的碉楼、大寨等民间自组织防御体系。北京境内的长城体系共分为三路，自东向西分布。在三路长城的防御线上共有城堡功能的村落一百多个，虽然规模大小不同，形态各异，但总体特征和演变过程大体相同。从现存状况来看，这些村落大多分布在地势险要的山峡，村落形态布局沿山势分布，同时结合了长城防线的地势走向，各个防御村落之间有相互关联，形成整体防御网络。

元明清三代京西地区共设置了22个关口，这些关口平时为人们通行所用，战时则成为重要的军事要塞。一般关口由一个大拱券和两个小拱洞组成，中间的券门用于通行，运煤驼队、军备物资、往来商队等，两侧各有一个小洞，用于放置战时需要的兵器等装备。现存京西古道具有代表性的军事关隘包括牛角岭关城、王平口关城等（图3-10），在水峪嘴村还遗留了当时的防御设施（图3-11）。

5. 行业文化

结合资源特点，在传统的农业基础上，京西地区有着丰富的行业生产与经营的历史。具有代表性的有：利用烧制成型的陶瓷、琉璃、砂锅等；利用天然资源加工的煤炭、石灰、紫石、花岗石等。地区手工商业发达，形成较为集中的商业街区。三家店、圈门村、城子街都曾是当时商业发达的区域。

具有代表性的行业文化当属琉璃文化。琉璃渠村烧造琉璃的历史悠久，贯穿着明清北京城的建造历史。根据《元史·百官志》载："大都凡四窑场，秩从六品。提领、大使、副使各一员，领匠夫三百余户，营造素白琉璃瓦，隶少府监，至元十三年置，其属三：南窑场，大使，副使各一员，中统四年置；西窑场，大使、副使各一员，至元四年置；琉璃局，大使、副使各一员，中统四年置"。元代定都北京之后，修建园林宫殿以及各类祭祀建筑时需要众多的琉璃制品。琉璃渠村周边盛产的煤炭和坩子土是烧造琉璃所必须的材料，并且琉璃渠村位于京西古道的主干道上，交通便利。于是烧造琉璃的场地就由辽金时期的龙泉务村改为了琉璃渠村。龙泉务毗邻永定河，但相对于琉璃渠来说，更易受到洪水侵犯，因此琉璃渠的地理条件相对龙泉务要更加便利与安全。烧造琉璃的工人最初以山西人士为主，自琉璃渠建立烧造窑厂以来，大量的山西琉璃手工艺人按照政府的要求，举家迁至琉璃渠村附近。据历史考证，京西地区其余的三个烧造琉璃的窑场，其原料坩子土也均由琉璃渠村搬运而至。到明代迁都北京，琉璃砖瓦、构件这些建造殿宇所用的材料，主要由北京中心的琉璃厂和京西琉璃渠的窑厂烧造。随着城市的发展，至清朝初期北京琉璃厂的繁华已不便于烧造工作，琉璃厂窑撤销，改为文化街，其烧造工作迁到琉璃渠与当地窑厂合并。自此琉璃渠窑厂开始承担主要的京城建造需求。自清代乾隆年间开始，大规模皇家园林的修建，所需琉璃均产自琉璃渠窑场。进入民国后，窑厂规模锐减、技术手艺欠佳。新中国成立后至今，窑厂归属几经变异，古法尽失。

元代之前，琉璃渠出产的琉璃制品具有良好的品质，其成品色彩绚烂、釉色柔润，为皇宫的专用制品，长久以来琉璃渠被称为中国琉璃之乡。新中国成立后，琉璃渠村的琉璃制品曾被用于建造毛主席纪念堂、人民大会堂、北京西站、钓鱼台国宾馆、历史博物馆等建筑。现在为使其琉璃品制作工艺发扬光大，琉璃渠村的部分学校开设了琉璃制品相关课程，希望将这一传统手工艺相传、延续（图3-12、图3-13）。

6. 移民文化

历史上京西地区的人口迁移与政治、经济息息相关。人口迁移促使不同的文化相互穿插形成京西特有的文化脉络。

京西地区一直是军事防御与争夺的要地，各朝各代的统治阶级均会设立军事防御体系。明代的戍兵会带着亲属一同迁移到防御地附近，这就使得大量军兵后裔繁衍生息，并逐渐形

图3-12　琉璃渠村现有琉璃厂

图3-13　赵氏宅院中的琉璃展品

成具有一定规模的村落群体。明朝时期，为抵抗蒙古势力，统治者组织民众由山西、山东迁移至北京地区，大规模的移民不仅增加了京西人口数量，也促进了屯田耕种的农业发展；及至清朝，大批跟随皇室统治阶级移居北京的皇室服务人员由东北和内蒙古草原迁移至此。居住在万佛堂的董姓村民就是这种情况，董姓共分为四支，分别由为皇室堪舆选址和进贡物品运送而迁至此处。这种由于军事和政治因素被迫发生的移民形式就是政治移民。

而另一种移民类型是经济移民，由于京西煤业发达，许多民众从各地搬迁至此进行煤炭的挖掘贩卖等活动而形成的主观自发性移民。明朝开采石料几乎全部是外来人口，开采煤炭供宫廷及陵寝之用。琉璃渠烧制产业的发展也吸引了众多移民迁至京西周边区域。当时琉璃渠烧造琉璃的世家赵氏，祖籍是在山西榆次县南小赵村，明代迁至京西进行烧造琉璃的工作。至清同治、光绪年间赵氏的子孙一直承担琉璃烧制的任务，成为显赫一方的皇商，专为皇家建筑烧造琉璃。现琉璃渠村留存的赵氏宅院即为琉璃厂商的居所。采煤产业是京西历史上耗费人力最多的行业，且持续时间久、涵盖范围广。京西地区煤炭储量丰富，京城百姓们取暖和烧饭都仰赖京西开采的煤炭。采煤业在辽代以前就已经产生，及至明清发展壮大，并吸引大量周边劳动力来到此处谋生，并最终在此地扎根生活。为了将开采出的煤炭快速顺利地运送到各地，人们开始修缮古道，并铺设板桥等通行设施。到了晚清，农闲时的采煤工人可达数万之多，再加上往返于京城与京西运输煤炭的车马驼队和为他们服务的商业配套人员，京西人口数量空前巨大。

政治经济因素的移民文化对村落语言及建造方式有所改变，来自山西等地的商人队伍越加庞大，不同思想与眼界为京西的固有文化带来了新的刺激。文化不是一成不变的，随着时代发展，外来文化与京西本地原有文化进行冲突磨合，形成了新的符合时代的京西地域文化系统。

3.2 习俗民风

从历史发展看，京西地区一直起到了北京城向西与联系外界的重要枢纽。随着贸易往来，河北、山西等地方的汉民族文化，乃至内蒙古游牧民族文化不断输入，在这里与北京当地文化产生交融。同时，自古以来，京西地区行政建制不断完善，当地有一定的人口数量，加之这里又有丰富的宗教文化。这些因素促使京西地区形成了大量具有特色的民间习俗。

1. 人生礼俗

京西地区对婚丧等礼俗普遍存在，这些习俗虽然各地方有自己的礼仪讲究，但普遍意义上存在一定的共同之处。

婚庆俗，一般沿袭汉民族的喜风，大致上经历说媒、合贴、相亲、定亲、定日子、娶亲、拜堂、洞房、回门等几个部分。这些礼俗虽然有些烦琐，但足以体现当代人们对婚姻大事的重视程度。每个部分都有自己特定的约定。就以合帖为例，在说媒之后，男女家长要将男女两人的生辰八字各写在一张红纸上，并请卜卦先生进行核验。尽管迷信成分颇多，但民间流传的八字不合等说法正反映了这一习俗的普遍性。定亲时，男方父母带男孩到女方家，同女方父母提亲事。男方不能空手而去，通常需要四喜礼，包括面、点心、酒和茶，同时还需要是双份。回来时女方给回礼，这就表示女方也愿意此门亲事。有时定亲，女方还会置办一桌好酒席来庆祝，双方父母答应这门亲事就结成了。如今这些婚俗中的迷信成分大多被摒弃，但是传统的娶亲等风俗仍然一直延续。

生育俗，围绕着家庭添丁增口的喜事而进行。怀孕后称为有喜，并告知娘家人开始准备女儿的吃食和新生儿的用品。孩子出生后有一系列礼俗做法，坐月子便是常见的习俗。坐月子会在门口处吊红布条，告知街坊不要进屋打扰产妇。这一方面让产妇恢复体力，另一方面也给新生儿提供一个稳定的生活环境。当婴儿满月时，产妇还用通过"满口"的方式才能与外人交流，并带孩子一起回娘家，离开屋子以便家人进行打扫。总体上看，这些礼俗虽然有些繁琐，但总体上是出于对母子的身心健康考虑。

丧葬俗，经过不同时期的发展，逐渐形成一系列严格的、具体的、系统的完整体系，在祭仪、停灵、吊孝、出殡、入土等有一整套繁琐的定式，通过这些礼俗表达儿女对老人的孝道之心。一般而言，京西地区各村丧葬习俗大致相同。家中如有老人过世，装裹衣服，把特制的寿衣为逝去老人更换。烧完头纸之后家属才能放声大哭，并在大门外插木棍、杯秸秆、荆棘条棍等物件，通告四邻与亲朋家里有人逝去。死者灵前诸相事宜由知客来指导，保障摆供、吊唁、解事、送灵、传花灯一系列祭奠活动能够顺利进行。祭奠活动之后，还需有入殓出殡、下棺安葬等重要活动，将逝去老人入土为安。丧葬礼仪一代代传沿，体现出孝作为中华民族的传统美德得到京西地区人们的普遍重视。

2. 节日习俗

京西地区的节日普遍过得比较重视，中国传统节日在京西地区都有相应的过节习俗讲究。春节、正月十五、二月二龙抬头、清明节、端午节、中秋节等，这些节日为京西地区人们带了浓厚民俗风情。

春节是中华民族最重要的节日，各地都有相应的习俗来过节，京西地区也不例外。苇子水村流传着一首民谣，描绘出了当地人过年的情景。"老太太，老太太，您别烦。小孩，小孩，你别馋，过了腊八就是年。腊八过了没几天，哩哩啦啦二十三。二十三，糖瓜粘，二十四扫房日。二十五，炸豆腐，二十六要炖肉。二十七，杀公鸡，二十八把面发。二十九蒸馒头，三十晚上熬一宿。大年初一，去拜年，您新喜，您多礼。一手白面不粘你，到家给你父母道个喜"。正月里"初一初二炮成灰，初三初四唤老的儿，初五初六请媳妇，初七初八走亲戚"[①]。京西地区过年一直延续到整个正月，人们完全沉浸在过年的喜庆气氛中。

图3-14　古瑞会活动

值得一提的是正月十五，这个是京西重要的节日。在京西地区，正月十五有一些独特过节习俗，比较有特色的方式是灵水村的转灯会与千军台、庄户村的古瑞会。每到正月十五灵水村便会组织转灯场习俗。灵水灯场由灯柱横竖成行布置。每行各为19根灯柱，再加中心一盏天灯、三盏门灯，共计365盏，用以代表一年三百六十五天。在空场中将这三百六十五根灯杆插入土埂之中，灯杆顶端有灯碗，并用色纸糊制成灯罩。灯场形成疏密有致，又扑朔迷离的迷宫。晚上灯被点亮，村民们在其中迂回走动，转灯场许心愿。整个活动在欢乐喜庆的气氛中进行，祈福纳祥，期盼着来年的好运。在千军台和庄户村，每年的正月十五和十六都有盛大的古瑞会活动。古幡会是一种以祭神、送神为主要内容的民间村社祭祀活动，始于明朝，兴于清朝，流传至今已有数百年的历史。古瑞会因受皇封，因此两村共有"敕封宛平县千军台庄户村朝顶进香会"一瑞，被称为"天下第一会"。瑞会有自己特定的行走方向与路线，正月十五由庄户村走向千军台村，十六再从千军台返回到庄户村老庙。村民组成的幡会大队走瑞，队伍由铜锣、银锤开路，各种旗和瑞依次走过。旗呈横式，瑞为立式，瑞旗色彩鲜亮、肃穆凝重、制作精致，古朴和谐。古瑞会及古瑞乐是京西地区非物质文化遗产代表项目，瑞旗内容有对佛教、道教的信仰，也有对管理生产诸神的崇拜，朴素仪式，表达京西地域传统的过节习俗（图3-14）。

3. 民间信仰

京西地区地理位置独特，区域内山川秀美，环境优雅。作为京畿要地，这里是京城通往西部地区的重要通道，民间往来频繁，也形成了独具特色的民间信仰，这些信仰在各种庙会活动与民间戏曲得以展现。

庙会是传统民俗文化活动，是在特定的节日设置在庙内或其附近，进行祭祀、娱乐与商品买卖等活动，对活跃当地文化起着重要作用。庙会是我国集市的重要形式，也有不少民俗

① 政协北京市门头沟区学习与文史委员会. 京西古村——苇子水［M］. 北京：中国博雅出版社，2008.

活动展示，成为区域内的民间盛会。妙峰山民俗庙会是京西地区最具代表性的活动。庙会始于明朝，至清朝时期最为繁盛。妙峰山碧霞元君祠，俗称娘娘庙。妙峰山庙会把香会融入其中，丰富了当地人民的文化生活。妙峰山庙会每年农历四月初一至十五和七月二十五至八月初一举办春香和秋香各一次，春香尤为盛大。《宛平县志》卷六中的《妙峰山香会序》载："己巳春三月，里人杨明等诚心卜吉共进楮币于妙峰山天仙圣母之前，因勒石纪同事姓名，传诸不朽，而请予数言为序。"《燕京岁时记》载："每届四月，自初一开庙半月，香火极盛。凡开山以前有雨者谓之净山雨。庙在万山中，孤峰矗立，盘旋而上，势如绕螺。前可践后者之顶，后可见前者之足。自始终，继昼以夜，以人无可停趾，香无断烟，奇观哉！……人烟辐辏，车马喧阗，夜间灯火之繁，灿如列宿，以各路之人计之，共约有数十万。以金钱计之，亦约有数十万。香火之盛，实可甲于天下。"据记载妙峰山进香的香会有150多档，分为文会和武会。文会主要负责沿途的茶棚、粥棚等的设置服务，武会主要负责秧歌、中幡等的表演服务（图3-15、图3-16）。

民俗信仰内容丰富，范围广泛。既有包含宗教的佛教、道教信仰，也有依据本地区的生活生产需要，形成的地区性信仰。京西地区是京城重要的能源供应之所，煤窑众多，因此窑神成重要信奉之神。

与京西生活密切相关的永定河文化，是北京文化的另一个重要组成部分。在历史上永定河的龙王庙一般都有祭祀活动。三家店村的龙王庙位于村西，坐北朝南。庙为三合院，建于明代，清代历经四次修整扩建。龙王庙由正殿、东西厢房组成。与其他龙王庙不同的，庙中不仅供奉海龙王，还有河龙王。农历六月十三日为龙爷的生日，会在龙王庙举办龙王大会。旧时要在庙前举办盛大的祭祀活动，龙王像面前摆供品燃香烛，仪式之后要将整只猪羊抛入

图3-15 妙峰山香会　　图3-16 妙峰山娘娘庙

永定河中作为祭神之用，村民们吃同心面条以祈求风调雨顺。2010年后，三家店村恢复祭祀河神文化节。在农历六月十三日，全村老幼聚集龙王庙，经过祭祀等仪式各档花会走会，中午一同进食龙须面，以求健康平安。

民间戏曲在京西地区主要以村戏为主。村戏是民间娱乐的重要形式，一台戏把左邻右舍，乃至周围村落中的乡民们都集中到一起，通过戏曲表演的形式，将休闲与教化等内容融合起来。村戏一般会配合重要的节日进行。京西地区有戏曲的村庄很多，大体上可以分为三类：一是成村较早户数较多的村落，包括桑峪、三家店等；二是位于重要的关隘要道的村落，包括柏峪、沿河城等；三是村中或周围众多古寺庙、道观等，包括斋堂、妙峰山、平原等。

山梆子是京西地区最常见的戏种之一。山梆子戏历史悠久，发源于山西、陕西一代，起源于祭祀需要。山梆子戏属于高腔梆子戏曲流派，唱腔古朴高昂，情节紧张有序。道白吸收了当地的方言，并将小调、民歌融合在一起，成为京西地区特有的地方戏曲，盛行于斋堂镇马栏村、柏峪村、东西斋堂村，清水镇的燕家台村、上清水村、下清水村，军饷乡、齐家庄等地。蹦蹦戏也是京西地区常见的戏种，该戏种是北京西路评剧的前身。由于表演行头简便，角色少，戏装不多，几个包袱便可以收拾完毕，便于携带，因此又称为"软包戏"。蹦蹦戏由二人转和曲艺莲花落等演变，并且吸收了河北梆子、皮影戏等表演方法。蹦蹦戏由最初的打地摊表演逐渐登上舞台，对现代评戏的形成有一定的影响。

第4章　京西传统村落的形态特点

京西地区村落主要围绕着西山山地不断发展，永定河蜿蜒曲折从西山中穿过。从历史发展的过程看，京西地区不仅是北京城的能源供应基地、石材基地，同时还是宗教圣地与军事基地。遍布于境内的古道，沟通起了北京城与山西、河北之间的往来。京西地区历代修建长城，布置关口，拱卫北京城。因此村落的分布与这些地理与人文环境密切关联，形成一定分布及形态特点。总体上看，京西村落分布主要有以下几种方式：沿着以永定河及其支流分布；沿着交通古道分布；沿着庙宇周围分布；沿着内长城及关口分布；沿着煤窑及矿点分布，等等。

4.1　村落类型

1. 形成过程

从京西传统村落的形成过程来看，多数是由生产生活需求而带动起来的单体居住建筑建设。建村之初空间充裕，人们可自由选择场地建造房屋，对村落空间格局、形态等考虑较少。随着村落内部人员的壮大，村民生产生活的需要逐步明确。居民逐渐增多，导致村落规模不断扩大，建筑密度也随之提高。这时村民需要解决邻里之间以及对外的联系，有规则性的街巷空间便开始逐渐形成。为满足传统村落不同时期、不同村民的实际需要，在村落建设过程中，受自然及社会因素的制约，而形成规模不同、大小不一的村落内部节点空间。与此同时，传统村落内部空间的功能需求造成了村落特的异性。村落街头巷口等公共空间不仅是基本的交通空间，也是村民之间进行生活交流的主要空间。民居作为组成村落的基本空间单元，是一个私密性较强的领地空间，既承担着日常生活的功能需要，又是个人生产活动的场所。对于区域位置较为重要或规模较大的村落而言，这一类村落往往扮演着周围村落公共交往空间的角色，形成乡村的集市。

2. 类型划分

京西村落分布广，形成原因复杂，特点鲜明。村落的类型划分在不同文献中尝试了不同的划分方法。在门头沟村落文化志中，虽无系统的分类，但一些村落被归为农户村、坟户村等[①]；北京建筑大学的张大玉教授在研究京西传统村落的过程中，将村落按照成村原因及生

---

① 北京市门头沟村落文化志编委会. 北京市门头沟村落文化志［M］. 北京：北京燕山出版社，2008.

计特点进行划分①；陆严冰将京西传统村落按其所处古道线路用途分为商道及香道村落，并对商道村落进行了更为细致的分级②。

总体上看，按照地理位置，京西村落可以分为深山区村落、浅山区村落及山前区村落。深山区村落主要包括清水镇、斋堂镇、雁翅镇等所辖村落，具有代表性村落有：清水镇的燕家台、齐家庄、张家庄、杜家庄等；斋堂镇的爨底下、灵水村、沿河城村、东胡林村、西胡林村等；雁翅镇的碣石村、田庄村等。浅山区村落主要包括王平镇、妙峰山镇、潭柘寺镇、军庄镇、大台办事处等所辖村落，具有代表性村落有：王平镇的王平村、东古岩村、韭园村；妙峰山镇的陈家庄、涧沟村、下苇甸村；潭柘寺镇的南辛房村、贾沟村、平原村；军庄镇的军庄村；大台办事处的千军台村等。山前区村落主要包括有龙泉镇、永定镇等所辖村落，具有代表性村落有：龙泉镇的三家店村、琉璃渠村；永定镇的万佛堂村等。

从自然影响和社会影响两方面，按照村落特有文化特征，京西古道村落分为农户村、商户村、匠户村、庙户村、军户村、墓户村和家族村等。农户村主要是永定河及支流上的村落，因水源丰富土地肥沃，成为以农业种植为主要产业的村落。商户村主要因古道经过村落，在商业交流需要的推动下，沿线产生不少的店铺、骡马店等商业发展相关的业态，农户亦农亦商，商业色彩浓厚。匠户村的形成与村中的产业密切相关，京西由于自然资源丰富，有不少村落拥有自己的特色产业。军庄镇的灰峪村曾是京城重要石灰供应之基地。龙泉镇的龙泉务村在辽金时期就有规模宏大的官瓷窑。庙户村，是位于庙宇和香道附近的村落。农户务农之外还为庙宇香客提供服务并成为收入的一部分。妙峰山的涧沟村、戒台寺附近的秋波村和石佛村、潭柘寺附近的平原村等，都是典型的因庙建村。军户村，主要分布在边关隘口的村落，村民主要由守卫边关的将士与家属组成，斋堂镇的沿河城村就是典型的军户村落。墓户村，自明清以来，因为埋葬了许多王侯，由看坟户发展而成的村落，王平镇的河北村、雁翅镇的太子墓就是因此而成村的。家族村，在京西地区不算普遍，主要以单一姓氏为主的村落，潭柘寺镇的贾沟村、雁翅镇的珠窝村等是地道的家族村落。

此外，由于传统村落的功能复合性，每个村落并不能独断地设定单一类型，一个村落同时具有多种文化特质，也有村落文化特征与周围村落趋同，因此情况是复杂多样的，对村落类型的划分只能是大体上的分类，并不一定十分科学与完善，这些反映出京西村落在形成和发展中复杂一面。

3. 北道沿线村落

由于现存京西村落中，京西大路北道沿线，即王平古道的村落形态保存相对完整，因此

① 张大玉. 北京传统村落空间解析及应用研究［D］. 天津：天津大学，2014.
② 陆严冰. 基于历史文化环境研究建立京西传统村落体系［J］. 北京规划建设，2014，（01）：72-79.

作为本书研究的主要对象。按出京方向，京西大路北道沿线村落分别是三家店、琉璃渠、斜河涧、水峪嘴、桥耳涧、东落坡、西落坡、韭园、东马各庄、西马各庄、东石古岩、西石古岩、色树坟、河北村、南涧村、东王平村、西王平村、吕家坡、王平口。表4-1列出了沿线村落的概况。沿线村落成因各不相同。现今由于煤矿地下采空区的缘由，王平口村已整体搬迁，因此不列入研究范围内。表4-2将沿线村落的最主要文化类型进行了初步的解析。这些村落中，农户村、商户村和庙户村作为主要研究对象，分别研究自然文化、商贸文化和琉璃文化对村落空间营造的影响。

京西大路北道村落概况　　　　　　　　　　　表4-1

村落名称	别名	成村年代	村落溯源	村落现况	村落特征与遗存
三家店	三家村三家土（元）	唐初已成村，元末迁入现址	1. 曹魏时期，修建水利；2. 因最初有三家而得名。	村域面积约3.0平方公里，共分为东店、中店、西店三个部分。	1. 驿站文化、太平鼓等历史文化；2. 天利煤厂、龙王庙、白衣观音庵、关帝庙铁锚寺和山西会馆等历史建筑均有保留；3. 第一批（2012）中国传统村落。
琉璃渠	琉璃局	唐	元初宣武门外海王村烧琉璃，后迁至琉璃渠，由祖籍山西榆次小赵村的赵家烧制。	村域面积3.5平方公里村落格局保存完整，历史建筑、古道等完好。	1. 明清时期的四合院有20余户，至今保存较好。三官阁、关帝庙、赵氏宅院、万缘同善茶棚。古道有京西古道、妙峰山香道、九龙山香道、椒园寺古道；2. 中国琉璃之乡；3. 第一批（2012）中国传统村落。
斜河涧	蝎虎涧	不晚于明	村名有四种说法，与永定河西山有关。	村域面积3.21平方公里村落沿道路呈带状分布。	1. 第四纪冰川遗迹；2. 广化寺。
水峪嘴	水过嘴	明末清初	一条山梁将村子隔成两部分，两个各有一条小溪，两条小溪交汇于山嘴处，故名水过嘴。	村域面积2.3平方公里，其中耕地约13.34公顷，果林面积约30.34公顷，水域面积2.8公顷，林地面积181.8公顷。	京西古道——牛角岭关城、民俗博物馆、军事酒吧、书画院承载了水峪嘴村浓厚的文化底蕴。
桥耳涧	桥儿涧巧儿涧	不晚于明	明朝修同北京的牛角岭大道，在此地建桥于沟上，故得名。家家户户房前屋后均有桥，从牛角岭关城俯瞰，村落形态似人耳，故得名。	聚落呈矩形，东经116°02′，北纬38°58′，海拔230米~275米。	1. 龙王庙；2. 菩萨庙。

村落名称	别名	成村年代	村落溯源	村落现况	村落特征与遗存
东落坡 西落坡	落坡村 涝坡	明	因村位于落坡岭下，或由于村落建于九龙山北坡平缓台地上，故称落坡村。	聚落沿山坡呈半圆形分布。	1. 碉楼； 2. 大寨； 3. 马致远故居； 4. 泉水。
	韭园	元	由种植韭菜而得名。	村域面积3.18平方公里，村落格局沿山势分布。	该村是"王平古道"出入古道的第一个古村落，在桥耳涧村外的古道上还有牛角岭关城遗址。
东马各庄 西马各庄	马哥庄 马各庄 庄户园	明	最初马氏兄弟落居此处，后发展成两个村，分别位于山沟两侧。	海拔200米，村域总面积3平方公里，耕地面积约300亩，灌溉用水取自落坡岭水库。	1. 古代养马场； 2. 古战场； 3. 古地道； 4. 地下有煤炭资源，曾开有乡办、村办煤矿。
东石古岩	石骨崖 石窟崖 大石古岩	不晚于明	大台迁来得到张氏兄弟最早在这定居。	聚落沿永定河西侧呈矩形分布。村域总面积54.2公顷（合813亩）。	1. 石刻； 2. 京西古道商业古街。
西石古岩	小石古岩、西石	清中期	由战乱等原因外埠人口落户发展而成。	东西向主街长300米，海拔185米。地域面积1829亩，其中耕地176亩，河道面积和人工栽植林木。	1. 古道； 2. 落子，俗称风秧歌。
色树坟		不晚于清初	1. 守墓成村； 2. 村名由来两种说法：村东由王姓坟地，地中有高大的色树（枫树）；由当地有名的"色石"得名。	海拔185米，公路铁路均设有色树坟站。地域面积0.8平方公里，聚落面积近1.5万平方米，村中有东西向主街一条。	1. 清代古宅； 2. 王家坟（后迁至河北村）。
河北村		清	守墓成村。	聚落略呈方形海拔206.6米，人口约500人。地域总面积约172.94公顷，其中耕地22.4公顷，林地约110.67公顷。	1. 东魏武定刻石； 2. 星海墓。
南涧村		明末清初	因位于永定河以南的一条涧沟而得名。	地域面积81公顷，其中耕地约1.34公顷，林地约7.34公顷，以农业为主，村中有南北向涧沟。	平顶山娘娘庙，新中国成立后改为学校。

续表

村落名称	别名	成村年代	村落溯源	村落现况	村落特征与遗存
东王平村	东村	明末清初	元代已成村，明清分为两村	村落沿王平古道呈带状分布，聚落集中在王平村大沟北侧。	1. 古道穿村而过，上、下街两旁曾经商铺林立，是京西山区里少有的古商街之一； 2. 村内大沟自西向东贯穿，与永定河相汇。
西王平村	西村	明末清初			
吕家坡	果园村	明	山西吕姓迁来，遂改名	聚落呈矩形，受煤矿地下采空影响，村民已陆续搬至河北村，现村内有78户，178人。	1. 龙岩寺； 2. 石刻。
王平口			受煤矿地下采空影响，1995年已搬迁，现村落已无迹可寻。		

京西大路北道沿线村落类型划分 表4-2

类型 名称	农户村	商户村	匠户村	庙户村	军户村	墓户村	家族村
三家店		◎		◎			◎
琉璃渠			◎	◎			◎
斜河涧	◎						◎
水峪嘴	◎	◎					
桥耳涧	◎						◎
东落坡	◎				◎		
西落坡	◎				◎		
韭园	◎	◎					
东马各庄					◎		◎
西马各庄					◎		◎
东石古岩	◎	◎					◎
西石古岩	◎						
色树坟						◎	
河北村						◎	
南涧村	◎						
东王平村		◎					
西王平村		◎					
吕家坡							◎
王平口					◎		

4.2　村落格局

传统村落格局的形成不是完全通过人为的规划一蹴而就形成的，而是受当时当地的生产力发展水平、社会文化、制度机制等不同方面的影响，在建造方式、传统习俗、土地制度等内容的联合作用下历经漫长的时间逐渐形成的。京西地区的村落格局在形成的过程中主要受到了自然条件、商贸文化、产业需求等方面因素的影响，村落空间格局回应了村落的发展过程。

1. 以自然条件而生的村落

自然环境是村落存在发展的物质保障与基础条件，村落本质上是气候、水源和植被的综合产物。因此，自然环境是形成村落文化的基础。自然有机体往往很大程度上支撑和限定着人们的生产生活方式，适宜的自然环境是居住在这里的人们生活繁衍的基础。

自然环境在北京传统村落形成和发展的各个阶段的影响甚大。村落最初形成的时候，只能直接从自然环境中获取所需食物，加之人们生产能力有限，因此人类所有生产生活对自然环境有很高的依赖性。随着人类生产力的提升，出现了农牧业经济，人类生产有了一定的自主性，但仍然离不开自然环境的掌控。自然资源物产丰沛、地形条件优越的区域，传统村落易于在此发展壮大，逐渐形成村落体系网，规模、数量的增长也带动了人际交往的多样性，这是一种自发选择的行为。由于地理条件的差异性，京西地区传统村落在地理空间上的布局起初并没有太多的规律可循，但随着农耕社会生产力水平的提升，村落在地理分布将自然环境条件合理利用，人们获得了越来越多与自然相处的能力。

以农业经济为指导的王平古道传统村落，其村落选址顺应自然条件，这种选址符合地理环境布局。京西地区的传统村落选址布局受到堪舆学的思想影响较大，背山面水，坐北朝南，选择枕山环水的居住环境，使自然景观和其他环境因素的相互影响达到融合。

王平古道四面环山，穿越京西的永定河，是影响村落选址的主要因素。该地区水源丰富，土地肥沃，平整开阔，人口众多，沿线传统村落不仅规模较大，而且空间布局多规则呈现，传统村落和村落之间的关系也非常紧密。此外，由于地形条件有限，自然资源丰富、易于农耕操作的区域便成为人们长期定居活动的地点，从而形成耕地、园林等自然沉淀的主体。为了满足贸易和通信需要，相邻村落的联系得到了加强，传统村落与传统村落之间的关系得到了改善，形成集更大规模、功能一体化的复杂传统村落体系。

在永定河出山口一带，水利灌溉事业有上千年的历史，在这一带的滨河浅山区，分布有众多农耕为业的村落。其中包括斜河涧、水峪嘴、桥耳涧、韭园、东西落坡、西石古岩、南涧等村落（图4-1）。

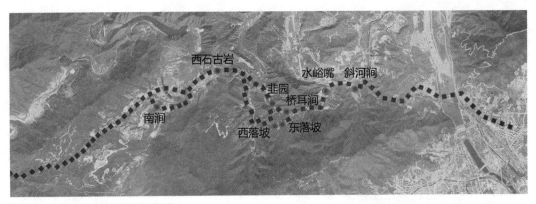

图4-1 京西王平古道农户村区位图

《管子·八观》中有"大城不可以不完",指出围合是构成村落空间形态的基础。传统村落的空间格局是一个村落中人文环境与自然环境关系最为直接的体现方式。村民之间相互交流沟通、共同生产生活等行为,对村落空间格局起到了决定性作用。

图4-2 斜河涧村落格局

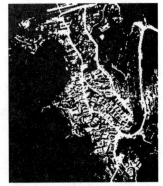
图4-3 斜河涧村落空间肌理

位于妙峰山镇东南角的斜河涧村,处于丘陵地带,有限的农田对祖先的生存和发展来说特别珍贵。因此耕地条件对传统村落环境和整体形态特点影响显著,村落布置以农耕田地为优先,村落周围平缓相对集中用地都作为农耕田地。民居建筑则选择相对灵活,依山而建,高差错落明显。道路布置蜿蜒曲直,把村中建筑串联起来。村落整体形态呈树叶状,两条主街起到核心交通作用,多条巷道不规则延伸形成网状村落空间格局(图4-2、图4-3)。

2. 因商贸往来而兴的村落

位于京西古道沿线的传统村落,大多具有商业中转站或集散中心的功能。这些村落最初为临时定居点,由于便利的交通、人群交流的往来,村落得以不断发展,商贸往来对这类传统村落的肌理形态造成深远影响。

特殊的地理环境,使京西古道一直是北部对外交通的主要道路,多条道路交错纵横,形成一个通向蒙古、山西及河北的古驿道网络。古道连接城区与山区、庙宇和守卫设施,建立起了一个较为完整的古代道路交通系统。按照交通和地理区划,京西古道分为西山大路北

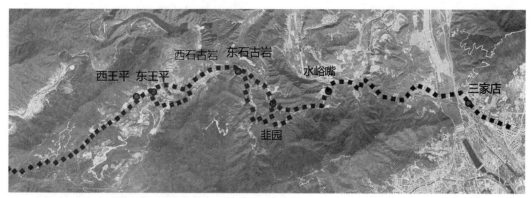

图4-4 京西王平古道上商户村区位图

道、玉河古道、芦潭古道、庞潭古道、妙峰山香道、天津关古道等[1]。传统村落沿古驿道逐渐发展，根据各自的生成环境和使用功能的不同，在布局的位置上作出相应的变化。古道线路网对于存在于道路各个节点的传统村落布局肌理产生了显著的影响。

京西古道穿过的众多村落，骡马店、商店、驿站等遍布其中，随着商业和运输业逐渐发展，村民亦农亦商，商业经济对这些村落的社会组织和生活形态等方面产生了的巨大影响。王平古道作为重要的交通要道，现存村落保存较为完整，这些典型村落包括三家店村、水峪嘴村、韭园村、东西石古岩村、东西王平村等（图4-4）。

由于京西煤炭的富足，王平古道作为京西平缓地带的交通要道，承担着煤炭运输的重任，古道上的三家店、王平村、水峪嘴村就是随着煤炭运输而发展起来的商业村落。村内主街两侧均为商铺客栈等商业业态，村落格局也由主街串联，多条支路形成沿主街分布的密集形态。

这类村落通常位于较为平坦的地带，受自然资源和山势落差等影响不大。村落整体呈带状布局，虽有多条支路，但并未形成片状建筑群。王平镇的东西王平村位于王平地区东部，王平大沟沟口内。两村村落相连，原为一村，明末清初从行政上划分为两村，但人们多统称为王平村。历史上京西古道北道及永定河右岸山道从这里经过，永定河流经该村，因此王平村自古为控山扼水，成为重要的交通枢纽。这在相关的文献中有所体现，《析津志》中记载："王平口，在宛平县西北清水村，有军人把隘口，路入斋堂乡，又一小口南路。东安大安岭四十五里，至王平二口子四十里，通八十里"。王平村由于处于这样的特殊位置，因此整体村落沿路而逐渐发展，村落格局带状特征明显，村落中主干道地位突出（图4-5）。位于北京市门头沟区妙峰山镇永定河畔水的峪嘴村，也同样处于河谷与道路之间，村落呈现出带状沿路发展的格局特点（图4-6）。

① 席丽莎. 基于人类聚居学理论的京西传统村落研究［D］. 天津：天津大学，2014.

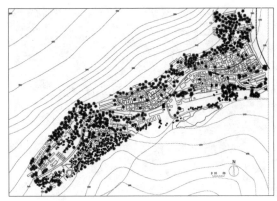

图4-5　王平村村落格局

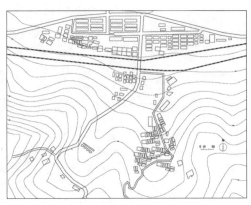

图4-6　水峪嘴村落格局

图4-7　琉璃渠村落区位

3. 顺产业需求而变的村落

　　京西地区自然资源丰富，自古以来村落便因资源而逐渐壮大。这里有因煤炭产业而发展的村落，潭柘寺镇的贾沟村、永定镇的王村都是典型的窑户村；也有因石灰、石材生产而兴起的村落，永定镇的石厂村由明代皇家采石场逐渐演变而来，军庄镇的灰峪村曾是京城石灰供给基地；还有由于受到特定手工工艺影响而产生与发展的村落。位于龙泉镇北部的琉璃渠村就是这样典型的匠户村，村落背靠九龙山，面临永定河，村落空间与特点与琉璃制品发展紧密相连（图4-7）。

　　琉璃渠村历史悠久，建于1264年，是经历辽、金、元、明、清五朝的千年古村。琉璃渠村位于王平古道重要节点位置，隔永定河与三家店村遥相呼应。东靠曹家沟，西靠丑儿岭，南临九龙山，北临龙泉务，是水、陆、铁路交汇点，交通便利。另外，村东和永定河之间还有一条宽阔的道路，于是既有水岸，又能防洪。琉璃烧造是该村历代传承的技艺，从元代开始至今已有700多年的琉璃烧造史。独特的黑坩子土为琉璃制作提供了优渥的自然资源，经过一道道精湛的工艺变成富丽堂皇的皇家建筑琉璃构件（图4-8、图4-9）。

图4-8　琉璃渠古建瓦厂　　　图4-9　琉璃构件

影响村落选址的重要因素是琉璃烧造原料的需要。琉璃渠村以琉璃烧制闻名，其周边的山上盛产烧制琉璃必须的坩子土，并且在烧制过程中需要大量的水，由此，形成琉璃渠村紧邻永定河，且与周围山体联系密切的位置关系。此外，村域西北向东南走势，是永定河冲积扇的顶点，交接着山区和平原，向山区温和伸展，坡度缓，土壤厚实，土地肥沃，适合农业，方便灌溉。冬季属于西北季风区，西北方向的丑儿岭、落坡岭和北天岭形成围合的格局，用于抵挡寒风侵袭，组成藏风之势。这样山林不仅可以保持水土，而且还可以避免山体滑坡和其他自然灾害。此外，永定河蜿蜒穿过，不仅可以保持适当的湿度，形成宜居的小气候，还能提供给村民生活饮用水，满足农田灌溉，从而形成聚财的观水之势（图4-10）。

琉璃渠总体布局清晰，大部分的居民排列自由，与大多数村落相同，并没有严谨的棋盘格式整体空间格局，但在自组织的空间发展下，形成以王平古道、妙峰山香道为主干的密集式布局，东西路网为主、南北路网为辅的

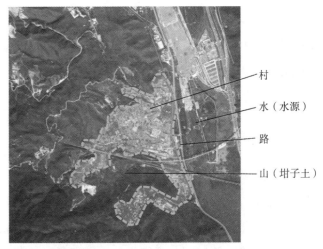

村
水（水源）
路
山（坩子土）

图4-10　琉璃村的选址

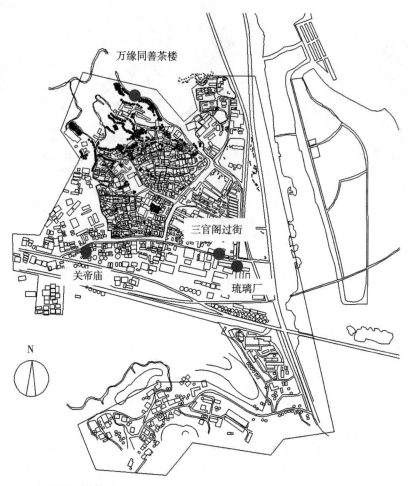

万缘同善茶楼

三官阁过街

关帝庙

琉璃厂

N

图4-11 琉璃村的村落格局

街巷格局（图4-11）。村落边界由几个重要的标志性建筑限定，北侧的万缘同善茶棚、西侧的关帝庙以及东侧入口的三官阁过街楼和琉璃厂。琉璃渠村整体呈西高东低的走势，虽然三面环山，但建筑高度错落不大，村落用地平缓，后期少量民居沿附近山坡建造，大多为普通的单进合院。

4.3　道路组织

相较于城市道路，村落道路一般缺少前期的统一规划，道路组织多根据地形和生活生产需要自然形成。道路尺度相对比较单一，没有复杂的组织与运行系统。但是村落道路与村民的生活息息相关，成为村落与自然和谐共生的一个鲜明表现。

村落道路组织一般由主要街巷、次要街巷和小街组织。规模较小的村落，街巷的等级可能会不十分清晰。主街巷构成村落道路主干，次要街巷与主要街巷相连，再经过小街与各家各户的院门进行连接。值得注意的是，村落街巷与民居建筑院门连接方式并不是严格按照上述等级进行的，不少住户院门与主要干街巷直接相连，体现出了人们生活真实需要和村落形成发展的过程。

街巷尺度是道路组织的重要内容。根据芦原义信在外部空间设计中提出的街道宽高之比D/H的理论，通过实地调查，对水峪嘴村、斜河涧村和琉璃渠村主次道路的尺度特征进行简要分析。水峪嘴村是典型带状村落，村中主要街道位置走向明确，贯穿全村形成这个村落的骨架。村内主街道的D/H值介于1.5～2.0之间，这种尺度下人的活动不受墙体、树木等限定因素的制约，活动相对自由，空间感受良好。水峪嘴村落主街道宽阔，视野开阔，车辆通行方便，且道路均已硬化，道路两侧均设有以京西古道商贸文化为主题的壁画（图4-12）。相比较而言，斜河涧村由于受到地形的影响，村中道路尺度相对比较狭窄，村内道路的D/H值小于1.0，道路宽度适宜人的行走活动，街道产生的空间形态具有一种凝聚力和向心力，突出了人的使用要求（图4-13）。

琉璃渠村里有两条主要的街道，即前街（南街）和后街（北街）。村落道路系统以这两条街道为主，通过南北的小巷辅以其中，前街较后街更长。由于两条主街呈平行分布，因此与两条街道垂直相交南北向的支路体系就构成了鱼骨式的道路骨架。从整体形态上看，两条宽阔的主街是村民们日常交流、商业活动、交通运输的主要聚集地。主街的D/H值大多在1以上，尺度宜人（图4-14）；支路的D/H值大多在1/2～1之间（图4-15）；许多小巷的D/H值甚至在1/2以下，尺度狭窄（图4-16）。村内建筑以灰砖青瓦的色调为主，建筑高度协调统一，村落空间形态完整，街巷格局顺畅，空间连续，视野明确。

图4-12　水峪嘴村的主干道

图4-13　斜河涧村内道路

图4-14 琉璃渠村的主街

图4-15 琉璃渠村的支路

图4-16 琉璃渠村的小巷

4.4 实例分析

1. 韭园行政村

韭园行政村位于王平地区东南隅，南依九龙山，北临永定河，是由韭园村、桥耳涧、东落坡、西落坡4个自然村共同构成，由王平镇管辖，行政村委会在韭园村。韭园在辽金时代已成村，至今村内仍保留着金元时期的历史古迹。在现有早期史料中没有明确"韭园"之村名，但有"桃园"的记载，该村因盛产樱桃、梨果等水果而闻名，紧靠桥耳涧、落坡等村，推测应该就是现今之韭园。据说在一段时间村人以种植蔬菜为生，尤其是以种植韭菜而闻名，久而久之该村得名韭园（图4-17）。

村落名称	历史建筑	建筑图片
桥耳涧	龙王庙（图4-17a） 观音庙（图4-17b）	 a　　　　　　　　b
桥耳涧	关帝庙（图4-17c） 三义庙 古道商铺	 c
落坡	碉楼（图4-17d） 大寨	 d
落坡	马致远故居（图4-17e, 图4-17f）	 e 　　　　　　　　f

图4-17　韭园行政村历史建筑

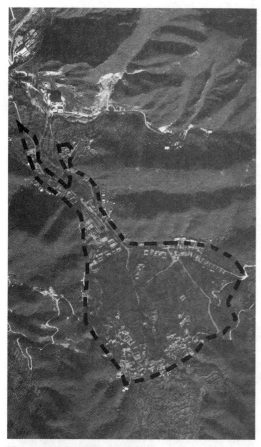

图4-18　韭园四村区位示意

韭园行政村位于京西门头沟区九龙山北侧、牛角岭西侧。两侧耸立着高山，王平古道贯穿而过，永定河在村落北侧形成弧形河道。村落四周拥有多条纵横的山脉丘陵，北侧山体最高，中部东西向山脉排列，南侧为较低的山谷，整体走势北高南低，左右两侧山势环抱，王平古道穿插其中。北侧靠山、南侧案山、中部道路和水系穿过，形成完整的格局（图4-18、图4-19）。

从村落的空间肌理中可以看出（图4-20），韭园行政村从中间一分为二，沿山坡西北—东南带状发展，并以主干道串联起来，西侧为主要的一支。这是由于韭园村所处的特定自然地理条件决定的，村落两侧被高山环抱，只能沿丘陵地带顺延发展的。韭园行政村是京西王平古道上重要的节点村落，具有庙宇、传统民居建筑和一系列的古道文化景观和历史内涵。四个村落的民居建

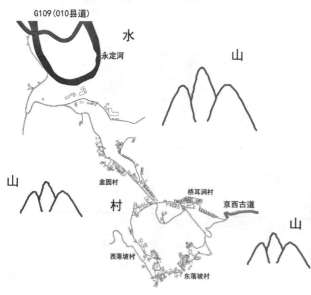

图4-19　韭园四村选址的格局

图4-20　韭园四村村落空间肌理

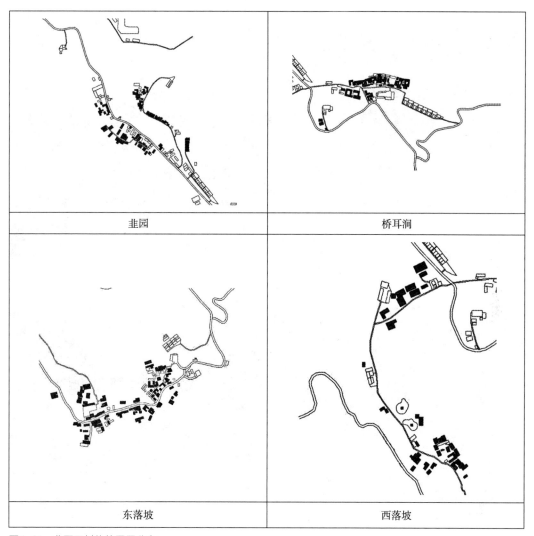

图4-21 韭园四村传统民居分布

筑沿道路布置，依山就势，建筑布局灵活多变，自然地生成在环境之中（图4-21）。韭园行政村是北京西郊一个典型的山区传统村落。

　　韭园行政村内的街道分布并不规则。这种不规则源于村落的自然属性，以农业为主的村落充分尊重自然格局，由一条主街串联起四个自然村。现连接村落间的主街宽质量较好，宽度在约5~6米，负责村落与外界联系（图4-22）。村落内部主要街道，尺度适中，虽然道路宽度不大，多在3.5米以下，但由于与树木、小河等共置，视野上并不显得狭小（图4-23）。各自然村内部均有多条支路从主道上延伸开来，村内两侧民居建筑高度较高，宽高比在0.5~1之间，街道空间有一定的导向性（图4-24）。村中巷道更为狭小，尺度变化多样，直接与住户大门相连（图4-25）。

图4-22　村落间的主街　　　　图4-23　村落内主要街

图4-24　村落支路　　　　　　图4-25　村内巷道

　　韮园行政村的公共空间分为正式公共空间和非正式公共空间。正式公共空间主要有特定的场所进行公共活动，如集中的体育场所、用于公共使用的场所。韮园行政村由村集体专门为村民修建的公共活动空间主要包括体育场地和游客活动中心（图4-26）。但是村中体育设施使用率较低，村民很少集中到公共空间活动，只在夏夜会聚集在一起纳凉（图4-27）。非正式空间布置相对灵活，常见于道路两侧或者宅门前等地方，通常用于村民聊天、打牌等活动（图4-28）。

　　总的来说，韮园四村整体选址符合农户村的传统选址理论。村落的空间格局与自然格局相协调，建筑朝向较为自由，道路布置随山势起伏而变化。村内虽然有正式的公共活动空间，但利用率较低，村民依旧习惯在自家门前或路旁休息聊天。

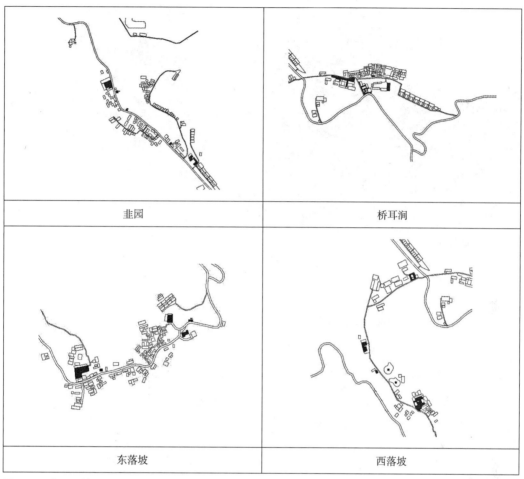

图4-26　韭园四村公共空间分布

图4-27　韭园村正式公共空间

图4-28　韭园村非正式公共空间

2. 三家店村

三家店村位于门头沟区龙泉镇的永定河畔，成村于辽代以前，据传初始有三家客店而得名，村域面积约4524亩。村落分为东店、中店和西店三部分，共近6790户，人口超过一万五千人。作为京西古道主线的起点，三家店是北京城沟通京西山区重要交通枢纽（图4-29）。

三家店是明清京西重镇，不仅作为古商道和古香道的起点，也是永定河的出山口。三家店古渡口是西山通往京城的必经之路，因而自古即是京西古道上的咽喉要塞。早在明朝的万历年间，由于运煤的需要，在永定

图4-29　三家店区位

河上架起了便于通行的板桥，对运输中转起到重要作用。同时，村落紧邻西山的平原地带，自然条件促使村落形成煤炭集散地。三家店是明清京西古道上最为繁华重要的村落之一，商铺、驿站林立，茶楼客店，鳞次栉比[①]（图4-30）。

古代人们行路，一日最多行百里，而山路大约只有三四十里，这就使得过往行人在入山前和出山后通常会休憩补充物资。久而久之，三家店村形成集运输、中转、仓储、饭店、住

---

① 政协北京市门头沟区学习与文史委员会. 京西古村［M］. 北京：中国博雅出版社，2007.

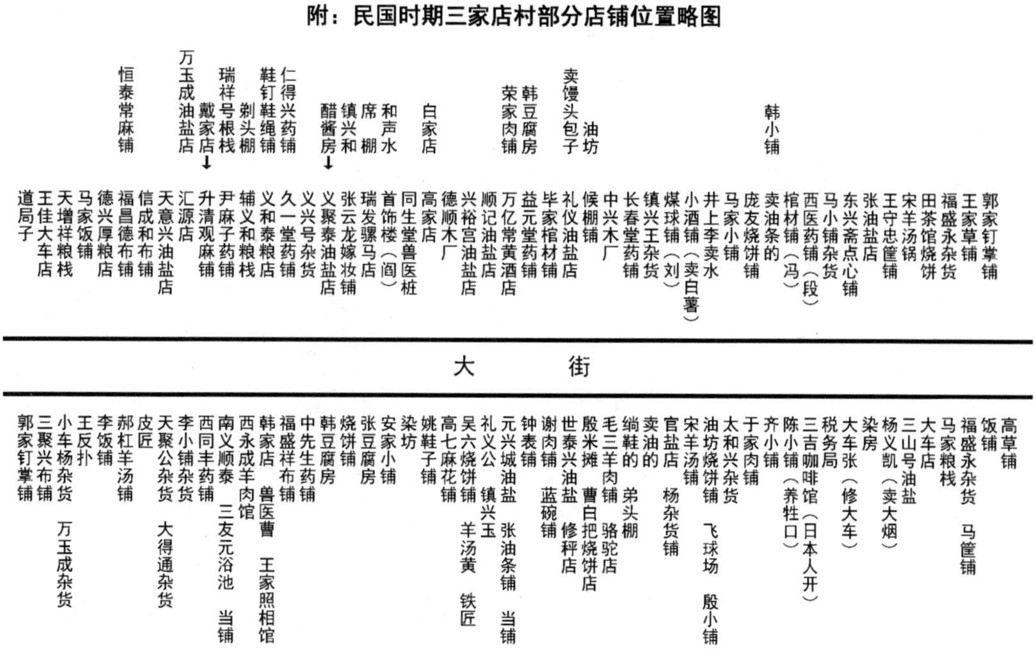

附：民国时期三家店村部分店铺位置略图

恒泰常麻铺　万玉成油盐店　瑞祥戴家栈　鞋钉号根店　仁得兴剃头棚　鞋绳铺　药铺　镇兴醋酱房　席和棚　和声水房　白家店　荣家肉铺　韩豆腐房　卖馒头包子油坊　韩小铺

道局王佳大车店子　马增祥粮店　德兴厚粮店　福昌德布店　信成油盐铺　天意兴油盐店　汇源店　升清观子　尹辅义麻铺　义和嫁妆铺马　久义一兴杂货　义聚泰油盐店　张云龙妆货　瑞发骡马店　同饰楼医桩（阎）　高首堂药铺　兴裕官黄酒店　顺记常药店　益元堂油盐店　毕家棺材铺　礼仪棺材店　中兴木厂　候王药铺　长春堂杂货　镇煤球厂　小酒上卖水铺　井李家卖白薯（刘）　庞友烧饼铺　卖油条货　棺材铺　西药杂货　马小油盐铺　张东油货　王守忠烧饼　宋羊汤锅　田茶馆点心铺　福盛永杂货　郭家钉掌铺

大　街

郭家钉掌铺　三聚兴杂货　小车布铺　王反扑　李饭铺　郝杜羊汤铺　皮店　王聚公杂货　西小铺　李杨布杂货　西药铺　南义顺　中先生药房　韩家店　福盛永肉铺　韩豆腐房　烧饼房　安家铺　染坊　姚家小铺　张高七麻花铺　吴礼六义烧饼公　钟表铺　谢肉城　世泰油盐　毛三羊肉铺摊　绱鞋的　卖油的　官盐店　宋羊汤店油坊　于家肉货　齐小铺　陈三咖啡馆（养牲口）　三吉咖啡馆（日本人开）　税务局　大车房张（修大车）　染义凯（卖大烟）　杨义号　三山油盐房　马家粮栈　福盛永油盐　饭铺　高草铺

万玉成杂货　　大得通杂货　　三友元浴池　当铺　　王家照相馆　　张油条铺　当铺　曹白把修秤店　飞球场　殷小铺　　马筐铺

图4-30　民国时期三家店村部分店铺位置略图

宿于一体的大型商业村落。逐渐增多的小酒馆、商铺等吸引了更多的人群聚集，住宅也越来越多，推动了村落的发展。三家店由于其特殊的地理位置，这里有多条古道交汇，被称为京西门户。

三家店村坐落于山水环抱的平坦腹地，南侧临水，其余三面环山，形成背山面水的优越格局。独特的地理位置使村落免受冬季西北风的侵蚀，同时还可以接收夏季柔和的东南风，形成局部宜居的微气候。村落结构受周围山水的影响，传统民居集中在村落南侧永定河沿岸，北侧山地民居稀少且多为新建。村落主体走势随永定河流向布置，村中主街与水系平行，一直延续到村口。建筑发展由南侧河岸开始，逐步向北侧延伸，呈现出带状特征。村落的选址呈现出了农户村传统理论的特征，但其整体格局受到了商业的深远影响。

村落格局风貌保存完整，街巷格局呈鱼骨形排列。村内重要建筑均位于街道主要节点，等级制度明显，村内无明显突兀的新建建筑打破村落格局（图4-31）。村内主街两侧民居依旧保留当时沿街商铺特色，村落肌理明确，整体风貌统一（图4-32）。

三家店主街沿王平古道方向延伸，由西北至东南，古道途经该村，形成主要街道。村内院落通常在主要道路上设置主入口，入口门道的退台使主路宽度有所增加，但院落的进退距离各不相同，使得传统村落的主要道路宽度发生了随机性的变化。据实地调研，该村

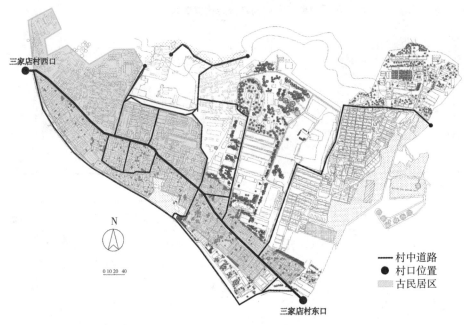

图4-31 三家店村街巷结构

图4-32 三家店村街巷肌理

图4-33 三家店村的主街

主干道最宽处超过10米,最窄处能够容纳一辆机动车通过,其D/H值大多在2以上,道路开阔(图4-33)。从位置上看,东街街道较宽,西街较窄,因为东街连接着村外城市主干道,并且作为原始古道的存在,大量商业活动均位于东街。现在整个东街区域已经很少有本村人口居住,大多是私自改建房屋用于出租,沿街的房屋更是私搭乱建形成混乱的商业聚集地。三家店的支路D/ H值保持在1左右,尺度适中(图4-34)。而村内的小巷道的D/H值大都在1/2左右,形成较强的压迫感(图4-35)。次要道路为主要道路延伸出的"分支",且

图4-34　三家店村的支路　　　　　　　　　　　　图4-35　三家店村的巷道

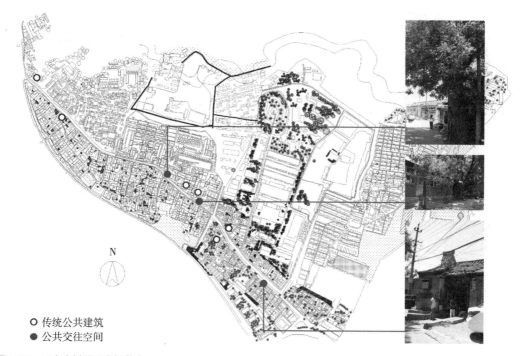

○ 传统公共建筑
● 公共交往空间

图4-36　三家店村重要空间节点

主次路的交接位置大多以门楼隔开，这也是传统大车店建筑的遗址。为了适应主要道路方向的变化，根据北方民居的选址特点，以平行或垂直相交主要道路与次要道路的方式，实现院落的分层布局。

　　三家店村的公共空间围绕着主街展开。主街上分布着村中主要传统公共建筑与古树，这些形成重要空间节点（图4-36）。相较于传统民居，公共建筑在形态上有一定的变化，在入口处有相对宽松的空间，也凸显了公共建筑的重要地位。主街上的民居进深大，不同于北京传统的民居四合院。随着村内人口的增多以及村落性质的改变，造成公共空间缺乏，而散落在主街上的这些古树树荫下及传统民居入口门道，成为人们日常的交往活动空间。

总体来说，三家店村落街巷格局较为规整，以一条主街串联起整个村落，各支路垂直主街，呈带状分布。由于商业活动频繁，街巷尺度较为宽阔，造成了村落活动空间分布的集中，主街成为村落内部的主要空间。

第5章　京西传统村落的公共空间

公共空间是人们日常生活和社会生活使用的空间。在城市设计中，公共空间是重要的设计内容。同样，村落作为村民的生活和生产的场所，村落公共空间也是研究村落形态的重要部分。

关于村落公共空间的概念，不同学科学者侧重点有所不同。建筑学科研究侧重公共空间的场所感，并关注其中人的行为[①]；社会学学科研究侧重社会组织关系以及其中人们交往关系[②]；还有研究则倾向与文化、政治方面[③④]。虽然研究的侧重不同，但是研究关注离不开公共性和空间性。本章将从空间要素、空间性质等方面分析空间特点，并通过空间句法工具计算相关数值来量化分析村落的公共空间。

5.1　公共空间的要素分析

1. 街巷

街巷是村落公共空间的重要组成部分。街巷把村落中建筑与空间等串联，使得村落摆脱了建筑形成的单一结构，转化成为系统结构。街巷将村落空间拓展成为结构网络，完成组织和输导人流的功能，同时街道的交叉点，易发生人群汇集，逐渐形成村落的公共空间。村落街巷分级布置，尺度也有相应的变化，体现出公共空间从"公共性"到"私密性"的过渡。

京西古道地区的传统村落街巷从组织结构形态上，大致可以分为"树状"和"网状"结构。

"树状"结构形成与自然地形有很大的关联性，京西地区以山地地形为主，可建设用地相对狭长也较紧张，易在村落空间布局中形成主要街巷。此外，京西古道的商贸文化也促使了街道的线性发展。村落主街通过分支与村落各处相连，形态上形成类似树状的结构。树状分布可以使街巷与建筑更为灵活、多变，更好地利用地形条件。以主干道路为"树干"，生出众多的枝节，延伸到不同的地区，促使村落线性发展，顺应地形地势（图5-1）。京西地区斜河涧村、韭园村、三家店村等是典型的树状街道村落。

---

① 戴林琳，徐洪涛. 京郊历史文化村落公共空间的形成动因、体系构成及发展变迁. 北京规划建设，2010（3）：74-78.
② 曹海林. 村落公共空间：透视乡村社会秩序生成与重构的一个分析视角. 天府新论，2005（4）：88-92.
③ 董磊明. 村庄公共空间的萎缩与拓展. 江苏行政学院学报，2010（5）：51-57.
④ 王春光等. 村民自治的社会基础和文化网络——对贵州省安顺市J村农村公共空间的社会学研究. 浙江学刊，2004（1）：137-146.

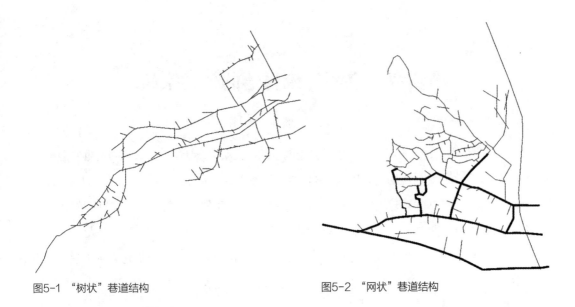

图5-1 "树状"巷道结构   图5-2 "网状"巷道结构

"网状"结构多见于较大村落规模，地形相对平缓，多以两条或者更多主干道路形成村落巷道系统的骨架，再加以若干条道路来连接主干道路，沿着主要街道生长出一些生活性的街道，并在村落的内部衍生和细化，不断强化村落巷道的网络形态。街巷的空间类型也随之丰富起来，人们生活活动逐渐发生，衍生出一些商业空间和休闲设施空间（图5-2）。京西地区琉璃渠村、麻峪村、南辛房村等是典型的网状街道村落。值得注意的是，有些网状结构村落也是由树状结构逐渐发展来。由于外界道路条件，南辛房村开始沿着县道生成，成为村落联系外界的主要街道。但在村落逐渐自南向北发展过程中，村落内部支路逐渐得以强化，形成了村落网状空间结构。

2. 节点

节点是村落中对村民日常生产生活产生一定影响的集中空间。在京西古道传统村落中常常有以古树、井台、石碾、桥头、街巷交叉口等为中心的点状公共空间。这些公共空间视线开阔，拥有自然景观、建筑景观和人文景观，是村民驻足、停留、休闲交谈较多的公共空间区域。村民常聚在树下、井边和磨盘处活动，自发形成的休闲交谈行为，使其成为村落独具人气的公共活动场所。这些"点"状空间多为日常生活离不开的公共设施区域以及居民聚集活动需要的场所，村民相聚在此打水、磨面、谈天说地，议村事、国事，谈家常、交流邻里感情，成为村中最活力、最高的人际交往区域，是村中亲和力较高以及认同感较强的公共空间环境。

村落中的节点空间可以理解为日常交往的物质体现。村落空间形态各异，功能不同，活动类型也不尽相同。第一类是街道与建筑外墙所围成的较为开放的空间或位于建筑住宅入口的空间。京西古道地区建筑入口多设置门楼，这些半开敞的门楼就形成附近居民聊天休闲的场地。这类空间分布较广，使用者多为附近居民（图5-3a）。第二类是村内的超市、水源处、古树下等一些较为明显的聚集区域。这类空间多位于可达性较好的节点位置，使用人群以居民为主（图5-3b）。第三类是村口或交叉口等并非用于交流活动的开敞空间。这类空间开放程度最高，适用人群最为多样（图5-3c）。造成这种分布的主要原因有三点：第一是在村落的广场与古树空间、街道交叉口、桥头空间等一些节点处，由于空间感较强，村民往往停留在这些空间；第二是古道客商通常穿村而过，保证路上的日常补给，这就形成村内主街喧嚣热闹的生活氛围，道路两侧客栈商业颇多，迄今为止主要商店、饭店、餐厅等依然位于主街两侧，当地居民日常的主要活动也聚集在此处；第三是北京传统村落主要街道临街的两侧的建筑物，大多空间尺度开放，形成积极的街道交通空间。

图5-3a　第一类节点空间

图5-3b　第二类节点空间

图5-3c　第三类节点空间

3. 界面

界面是生成空间的重要面状要素。村落公共空间的界面有横向界面和竖向界面。横向界面主要是指形成空间的底界面，主要由村落的地形地貌、植被、水系、环境设施等组成，在村落中的位置可能处在村落中央，也可能位于村落的边缘处。竖向界面包括建筑立面、门楼、古树、坡地高差等元素，它们构成了公共空间的围合和辐射状态，同时竖向界面也是邻里之间交往的重要空间角色，是民居建筑空间与村落街巷空间的过渡要素。

1）横向界面

横向界面在村落空间主要是用于空间形成的底界面。底界面常见的有人工与自然两种方式。人工方式多以广场、道路等形态呈现，自然方式在村落中涉及地形变化及河流水系。

底界面的重要性体现在界面的可进入，这些空间场所会辅以公共器材设施用以丰富的活动类型，村民可以在此进行健身、集会、聊天等活动。在京西村落中，不少村落将村委会办公场地利用起来，设置较大的广场，进行硬化铺地工作，既满足日常办公出入的需求，同时便于居民来此处进行相关活动。位于东石古岩村口外部的广场和国道连接，与村委会共同设置。尽管该场地位于整个村落的边界地带，但广场有一定的实际功能，用于办公停车与宣传使用，同时场地内设有一定的运动设施，平时对村内居民开放，为村民提供运动休闲的场地（图5-4）。

另外一类底界面主要由自然环境主导形成。这类界面可进入性不如人工界面高。河流水系边界及其周边是村落的日常交往行为发生频率较高的场所，自然水系划分出村落区域的边界，同时利用河边，可以形成便于停留的空间。草甸水村处于山谷地带，水沟将村落分为南北两个部分，水系和道路形成村落重要的底界面，村民邻里之间在此自发发起休息、交谈等活动（图5-5）。尽管河道限制了村民行动的区域，但却丰富了村落的空间感受，沿河的公共空间更容易被村民所接纳，在村落肌理中占有着重要的位置。

2）竖向界面

竖向界面主要是指空间的侧界面，是营建公共空间场所感的重要组成要素。构成村落公共空间的竖向界面元素主要包括建筑墙体、地形高差、一些标志性的建筑物等。

图5-4 东石古岩村口公共广场

图5-5　草甸水村内水系空间

图5-6a　琉璃渠三官阁过街楼　　　　图5-6b　万佛堂村牌坊　　图5-6c　韭园村牌坊

　　竖向界面差异引起的空间感受有所不同。尺度高大的侧界面，如门楼、牌坊等通常设立在村口或者村内主要道路之上，起到空间限定作用。京西琉璃渠村在村口设置三官阁过街楼，是典型的过街楼形成的侧界面（图5-6a）。界面形成的空间开阔，对限定范围和辐射范围很强，形成一个比较有标志性意义的建筑空间。但空间的开阔性过大，建筑高度过高，在日常生活中并不会形成具有吸引力很大的生活性公共空间，不适宜于人的逗留，对生活性质的公共活动表现出了排斥性。类似典型侧界面还包括万佛堂村牌坊（图5-6b）、韭园村牌坊（图5-6c）等。

　　此外，在自然地形作用下，不少京西古道沿线的村落村域内会有较大的地形变化，在坡道和房屋的高差影响下经常出现一些利于交往的公共空间，构成丰富的空间体系。图5-7利用高差，在转角区域设置凉亭，形成一个独立自主的公共空间，使村落街巷的转折空间变得柔和，而且更加富有趣味性，为村民的日常交往提供方便。在高差较大的街道两侧，利用地形可以围合出一些方便日常使用的公共空间，利用自己宅院的门口来进行一些农作物的晾晒。利用侧界面高差可以隔离行车道路中车流来往产生的安全隐患，有利于营造交谈与休闲的公共空间（图5-8）。

图5-7　转角设置凉亭　　　图5-8　分离车道以便交流

5.2 公共空间的性质研究

1. 正式性公共空间

正式性公共空间在村落中主要指有一定确定性与稳定性的公共空间，常见类型包括村落公共广场、村委办公前广场、村落入口、运动设施等，古树井口等空间也是重要正式性空间。此外，在京西村落中正式性公共空间还包括宗庙道观、名人故里、古道遗迹等场所。

正式性公共空间具有一定稳定性，是村落空间发展的重要内容。正式性公共空间所在的区域中，通常空间呈现的积极性较高，村民日常行为活动也较为丰富。正式性公共空间具有明确的结构特性，作为村落发展的骨架要素，对生成整体意向有重要作用。正式性公共空间具有较强的认知性与可识别性，是村落传统文化、历史信息传承的重要载体，增加当地居民与外来游客的交流与集体认同感。

在组团型村落中正式性公共空间存在一定的等级差异，在村落历史演化过程中总体变化不大。东石古岩村由于树木处在村口坡地的特殊位置，成为主要的公共空间。从当前的村落生活状况来看，村落集中公共活动及日常活动仍处于组团边界和古树体系所控制的空间范围之内。但各个组团边界上的公共活动非常薄弱，主要的公共空间在邻里、宅间中展开。除此，公共组团核心区的民居，由于改作过学堂等公共空间，目前仍具有较强的公共性。整体而言，组团布置的村落公共空间的公共活动与周围自然环境的关联不强，更多地与村落内部空间层次秩序相关（图5-9）。

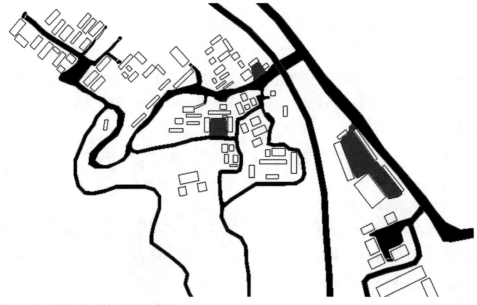

图5-9 东石古岩村正式性公共空间布局

图5-10　三家店村正式性公共空间布局　　　　　图5-11　万佛堂村公共空间

　　网格集中型村落的公共空间，正式性公共空间功能、尺度和分布比较均匀，数量也比较多。三家店村人口密度比较高，对公共空间的使用频率较大，因此正式性公共空间具有较好的结构性。在整体上，三家店村的正式性公共空间分布较为均匀，主要包括村内古村落商业区域、古树辐射区域、宗庙区域，同时也包括新建的公共健身场所等区域（图5-10）。对于发展较为成熟的，城镇化程度较高的村落来说，村落正式性公共空间体系与村落形态关联较大，节点与节点之间具有较强的关联性，人们的日常生活与正式性公共空间的发展有密切的关系。

　　带状型村落街巷较为狭长，村落发展阶段性较强。正式性公共空间的发展依托于村落整体的发展、人口情况、劳作情况和地形的延续。万佛堂村在长期的发展过程中，随着人口的搬迁和转移，正式性公共空间主要依托于道路，村内整体规划的公共空间较少，多停留于邻里间的过渡空间（图5-11）。村落整体特征明显，但正式性公共空间的数量和利用效率不如组团型和网格型村落公共空间高。

　　在单一型村落中，由于住宅的数量比较少，人口密度都通常比较低，因此正式性公共空间结构较为松散。通常一个村内的正式性公共空间会明显少于其他类型的村落，而且在正式性公共空间中的活动频度较低。人们更倾向于就近选择近距离的邻里宅间之处。正式性公共空间主要分布在主干道路或者较显著的区域，特征明显。菲园行政村的4个自然村落，每一个都是单一型村落，单独地看正式性的公共空间影响力都比较小，在东落坡村的主要公共空间节点是凉亭，而西落坡村的主要节点为马致远故居（图5-12）。

2. 非正式性公共空间

　　非正式性公共空间常常具有休闲功能和商业功能，在形成和发展过程中受村民的主观意识调节较为明显，相比于正式性公共空间，发展过程中受到约束较少。非正式性公共空间与社会结构、传统习性有较强的相关性。文化的不同造成了村民交流活动的频率、深度以及形式上的不同，往往表现出隐蔽性的特点。

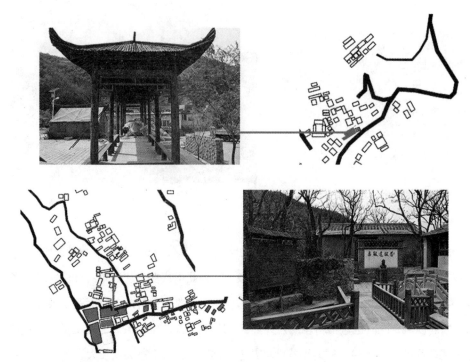

图5-12 东、西落坡村公共空间节点

　　非正式性公共空间与村民的日常生活息息相关，多是由村民自发形成，或者由区域内村民的生活交流所需而形成的。在村中非正式性公共空间的利用率在快速的、短时间内的聚集行为发挥很大作用，因此存在普遍性强、利用率高，活动行为也较为频繁的特点。非正式公共空间是公共空间的非正式要素，其结构经常隐含在民居之中，与村民日常生活行为相互交织，对村落的空间整体可以起到一定程度的补充，但总体上结构还不是非常稳定。此外，非正式性公共空间灵活性较强。村落中非正式公共空间的节点与传统村落的外部环境和社会建造情况紧密相关，可以随村落环境和邻里关系的变化发生适应性改变。

　　在京西古道传统村落之中，非正式性公共空间存在情况较为普遍，在村落的发展与邻里交往的影响下，非正式性公共空间形态布局特点通常体现在邻里住宅间和居民自宅内院两个方面。

　　非正式性空间的布局与村民住宅的集中度有较强的相关性。村民住宅间的距离对村民的活动以及村民间的交流产生显著的影响。住宅密度也是非正式性公共空间分布的重要影响因素。琉璃渠村主街上的住宅分布较为匀称，街道宽度也较宽阔，在许多的住户门前，都自发地形成许多非正式型公共空间（图5-13）。万佛堂村街道宽度相对也较宽，但住宅密度较为紧凑，住户的大门并非完全对外，造成宅间非正式公共空间的数量较少。

图5-13　宅间非正式性公共空间　　　　　　　　图5-14　宅内非正式性公共空间

非正式性公共空间还常常分布于住户的内院之中，一些村民的住宅户型院落较大，居住模式相对较为开放，邻里之间较为熟悉，交往密切。在韭园村中，住宅内院作为一些非正式公共空间的聚集较为多见。在调研过程中，通过访问村民了解到，附近的居民经常在某一民居院内聚集，在此处的公共活动要多于使用村口的广场等正式性公共空间的频率，这一空间的利用率比较高，是典型的小范围非正式性公共空间（图5-14）。

3. 空间性质的转换

正式性体系是村落中比较明显重要的空间，包括行政管理的空间广场和一些纪念性的空间区域。在正式性公共空间内村民会更多地进行一些娱乐、健身和大型集会活动，它尽管在规模和性质上有着比较突出和重要的地位，但在乡村的大氛围之下，村落中的正式性公共空间仍然会出现一些动态的可变性，依据人的管理和日常行为发生性质转换。

非正式性公共空间利用街道边的邻里宅间空间，或者使用民居内部的庭院空间。民居具有很高的非公开性，在路边门前的空间往往是不积极的。但是，当这些空间在人们的日常行为习惯中发生改变时，邻里的交换信息与精神交往需求的作用越来越明显。这些非正式性公共空间的兴起可以满足一些休闲、娱乐功能，正式性逐渐显现，并具有一些偶然和可变的性质。

在日常生活中，两种性质的公共空间相互包含、嵌套共存的现象很普遍。在长久的村落演化中，正式性公共空间与非正式性公共空间并不是完全隔离、互不干扰地发生发展，而是彼此相互延伸、渗透、关联。部分公共空间本身是具有双重属性的。多个尺度、属性各异的公共空间一同构成村落整体公共空间。

公共广场、设施广场、名人故里等正式公共空间，面积较大，识别性较强，空间承担着多种功能。在纪念性节日、村中庆典、选举活动等情形下发生的活动是正式的，但在其他一些日常的生活时间点，嬉戏、闲谈等非正式公共行为也时有发生。而且在同一个正式性的公共空间中也可以同时发生不同的非正式性交往行为。正式性公共空间的性质可变性较灵活，可以通过日常的行为需要，发挥人们的主观能动性，对其性质进行转换。

对于非正式性空间也会有一定的正式性质。宅间邻里空间往往位于道路一侧，由于空间使用方便，形成的非正式性公共空间往往更受村民欢迎。宅间空间是传统村落中非正式行为发生较多的公共空间种类，可以通过公共设施的完善，增大此类非正式性公共空间的尺度和服务效果，例如通过设置长椅以及休闲桌台，增设遮阳设施等手段，吸引茶余饭后的邻里聚集，可以休闲娱乐，也可以商讨公共事宜闲谈休息。与日常琐事之事相比，性质可以归为正式性活动，进而这种非正式性空间承担的具体功能也更加繁复多样化。

5.3 公共空间的量化解析

空间句法的概念是由英国伦敦大学学院的比尔·希列尔（Bill Hillier）首先提出，其开创性地指出空间结构中的社会逻辑与空间法则之间的联系，将空间作为独立元素，剖析建筑的、社会的和认知领域之间关系[①]。

空间句法的理论与方法能够揭示城市与建筑中的结构与空间属性，能够客观、理性地对设计过程进行实证性研究。在城市空间研究中，能够定量分析城市中特定空间模式的表现与其影响因素之间的关系，可以研究宏观尺度下人车流网络与其他用地模式的效应，也可以识别城市局部网络中的微观属性以及用地潜力，还可以在研究中采用模型来调查并理解城市是如何运作的。

空间句法的核心理论认为：空间组织存在着规律性，表现为功能空间选择性地依附于整合度高的轴线上，空间结构的核心往往也是城市功能的核心；局部空间的突现是空间结构的集聚性增强导致的一系列空间组织与社会行为互动的结果。空间结构包含局部和整体两个层面的意义，两者在系统中的不同属性是城市空间分类的主要原因，两者的相互作用又保持了城市系统的普遍联系。城市空间结构通过影响人流分布构成了城市多样化的生活，城市是否有生机是空间结构、人流分布、空间利用等因素综合的结果，而最基本的决定因素是城市空间结构本身。

1. 空间句法参数解读

空间句法基于拓扑原理，运用DepthMap软件运算，以量化的参数数值来分析京西古道传统村落的公共空间现状和发展情况。主要参数如下：

连接值，与一个轴线直接相接的所有轴线数之和为该线段的连接值，轴线数量越多，则

---

① 伍端. 空间句法相关理论导读［J］. 世界建筑，2005（11）：10–15.

该轴线的连接值越高，说明这条轴线的视阈范围广，越容易被识别，该空间的渗透性越良好。

深度值，表达了一条轴线同距离其他所有轴线的最短距离之和，深度浅，说明其他轴线距离越近，越易与周围发生联系。因此深度值最能够直观显示出人在环境中受到的空间反应次数，进而判断这一轴线所蕴含的是曲径通幽，抑或是平坦空旷。

整合度，是空间句法最为核心的参数，可以描述一条轴线与空间区域内其他轴线的关系，"区域"可以是"全局"也可以是"一定范围内"，因此参数分为全局整合度与局部整合度。全局整合度是指由整个系统内的某个街巷或某个节点至其余所有空间的便捷程度；局部整合度表示在规定了数值的深度半径的条件下，从某个街巷或某个节点至系统内其余所有空间的便捷程度，通常以Rn来表示拓扑深度半径为n的全局整合度，以R3来表示深度半径为3的局部整合度。整合度反映了一个空间吸引到达交通的潜力，一个空间的可达性与该空间的整合度成正比。

选择度，描述的是空间在特定分析半径内被穿过的次数，表达了空间的被穿过性，考察了一个空间作为运动通道的能力，该参数常常用来分析街道。一个空间拥有越优秀的选择度，则说明这个空间吸引穿越交通的能力越强。

可理解度，以散点图形式表示，反映全局与局部之间的协同程度，协同程度高则该空间容易被认知和理解。可理解度是局部整合度与全局整合度之间关系的体现，表明局部对整体的可理解程度。其中散点的走势以一次方程来表示，直线由空间内所有的点到其距离加起来最小来求得，R平方为"拟合度"。一般认为拟合度大于0.5，则可建立良好的认识。可理解度受空间的连接值和整合度的影响，连接值和整合度的值越高，可理解度也越高。

在对村落空间的研究中，空间句法分析法中的连接值、深度值、整合度、选择度、可理解度等值相对比较重要的指标。下面研究将以三家店村、琉璃渠村、韭园行政村、贾沟村为典型案例进行分析。

2. 村落轴线模型生成

依据空间句法，轴线分析法是最普遍有效的分析方法，可以较为整体地展现空间性质，同时其轴线模型也是与人的日常行为活动最吻合。原则是以最少且最长的线段来概括每一个村落空间，包括巷道、硬化广场和点状辐射空间等，构建轴线系统。将整体村落转换成轴线模型后，用Depthmap软件进行生成、转换和计算，轴线模型中每条轴线都拥有自身对应的参数数值，通过数值的大小以及颜色的冷暖变化可以直接观察。

图5-15分别是韭园村、桥耳涧村、东落坡村、西落坡村、东石古岩村、西石古岩村、三家店村、琉璃渠村、万佛堂村、贾沟村、草甸水村的空间句法模型。通过对比，能够看出出村落的形态、大小和层次都不尽相同。受天然环境的影响，带状型村落、组团型村落和网

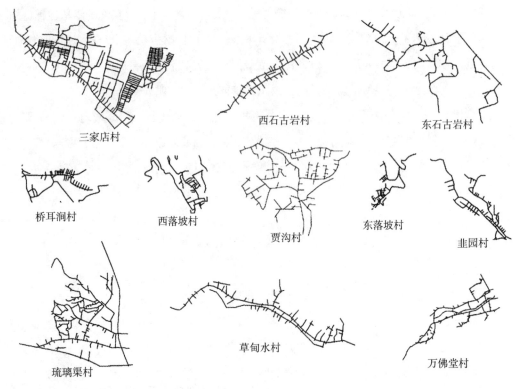

图5-15 典型京西村落的轴线图

格状村落，在空间秩序上的方向性和规整性也存在较大的差异，可见地理环境因素对空间影响较大。由于村落所处自然区位和地形特征对空间乃至人的行为具有显著作用力，因此，对于不同的村落类型，则要确定不同的研究对象。

3. 空间参数分析

1）连接值分析

通过对轴线模型的连接值分析，可以得到村落空间的可识别程度与渗透性。通过比较各个村落的空间连接值的异同，在多种因素的共同作用下，来量化分析村落结构的空间状况。

图5-16为三家店村的轴线模型连接值分析图。通过数值对比可以发现，轴线连接值最高值为9的轴线，共有两条。其中

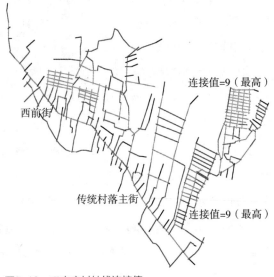

图5-16 三家店村轴线连接值

图5-17 三家店村新民居区域

一条轴是与三家店传统村落相连接的靠东部的街道，位于整个图面的东南方向，是在三家店传统村落上发展起来的新村落。与老村落不同的是，这一带的村落是在事先规划的前提下发展起来的。民居排列比较整齐，民居之间有小街道胡同，横纵交错，较有秩序（图5-17）。另一条连接值达到9的轴线位于村里北侧大组团，这里由排列有序的民居房屋形成了主要交通街道。可以看出，在整齐规划、分布有序的房屋出，主要通道的连接值显示都为暖色，数值都在7以上。三家店村的村落规模较大，城镇化的程度也较高，但是村落其他区域的街道整体上虽然为冷色调，但数值相较其他作为量化研究对象的村落要偏高。可见，城镇化的影响，在一定程度上提高了三家店村落的整体连接值大小，提升了村落的整体可识别程度。

图5-18为琉璃渠村的轴线模型连接值分析图。琉璃渠村位于浅山区，从其轴线图中可以看出，琉璃渠村连接值最高的轴线是连接琉璃渠大街与琉璃渠后街的南北向轴线，数值达到7。这说明这条南北向街道的渗透性比较好，与周围的联系最为密切。原因是琉璃渠的村落整体是以南侧琉璃渠大街和北侧的琉璃渠后街为主，这两条街道作为村落的主要交通要道，是村民日常生活行走、车辆进出的必经之地。而且，中间连接处的轴线街道北侧即为琉璃渠村的老村委会所在地。村委会的选址便是要根据村落最初的居民构成、房屋分布情况和交通便利程度来确定位置，这条南北向街道正是起到了连接北部居民和南部居民的交流沟通的重要作用。另外，琉璃渠后街的东侧街道连接值为6，也是连接值较高的轴线之一。该区域有一个汽车维修中心，是属于基础设施企业，需要的场地条件是渗透性比较好，可识别性较强的场地。在此处设立汽车维修中心，便是利用场地的可识别性较优的特点，便于村内居民以及附近的有需求的用户较为便捷地找到该厂具体位置，这对于实现企业服务初衷以及经济效益上都比较占有优势。而其余的大部分轴线都是冷色调的连接值，数值基本上在2左右，也是村落中较为常见的情况。可见，由于数十上百年间的发展，村落是以南部的琉璃渠大街和琉璃渠后街为主，北部逐渐扩张发展而来。

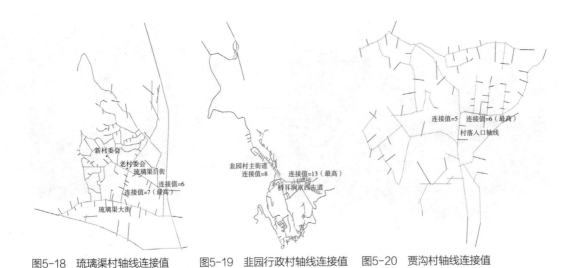

图5-18 琉璃渠村轴线连接值　　　图5-19 韭园行政村轴线连接值　　图5-20 贾沟村轴线连接值

在山麓村落中，依据图5-19韭园行政村的连接值分析图显示，桥耳涧村古道入口处的长轴线周围，与其直接相连的短轴线数量最多，呈现红色，数值为13。这表明这一部分轴线具有较高的可识别性和渗透程度，最容易被到达和理解。这一区域是京西古道所在处，古道两侧有较多的民居，现今大多被建设成为特色农家旅游院落，来往徒步旅行参观的行人都会通过这一段通道，可识别性高且渗透性好也正符合这一现象。另外，韭园自然村的主街道处的轴线连接值也相对为较高，数值为8，这是由于韭园自然村处于狭长的地势之下，这条街道是主要的进出要道。其余村落整体也都是呈现冷色调的连接值范围，较为符合传统村落连接值的主要趋势。

图5-20为贾沟村的轴线模型连接值分析图。通过读图，发现连接值最高的轴线是村口道路区域和向东转弯处的轴线，数值分别为5和6。这较为符合贾沟村的整体发展趋势。东侧村落是贾沟村的老村落，分布着历史较久的民居建筑，是村落发展的基础。这里建筑分布比较集中，数量也较多，相应的在连接值分析图中这一区域具有较高的辨识度。相比其他部分这一区域的村落可识别性较强，是连接村落干路和新村落的必要之处。村落入口的主要干路，具有较高可识别性，连接内外，过渡新旧，是村落内部和村外的行政区域及的基础设施区域相连接的唯一通道。

四个村落的连接值、轴线数量和轴线所占比例如下表5-1~表5-4。四个村落连接值的平均值为分别：三家店村1.33、琉璃渠村0.86、韭园行政村1.16、贾沟村0.94。平均值均在1左右，三家店村和韭园行政村的整体可识别度略高于琉璃渠村和贾沟村。此外，占绝大部分比例的轴线都是冷色调轴线，京西古道传统村落的可识别程度基本都为数值较低的区域，不会因为村落扩张和其他公共基础设施的修建而发生较大的改变。

三家店村连接值统计表 表5-1

连接值	<1.8	1.8-2.6	2.6-3.4	3.4-5.8	5.8-6.6	7.4-8.2	8.2-9.0
轴线数量	58	250	77	62	13	3	2
比例	12.4%	53.4	16.5%	13.2%	2.8%	0.6%	0.4%

轴线总数486 平均值1.33

琉璃渠村连接值统计表 表5-2

连接值	<1.6	1.6-2.2	2.2-4.0	4.0-4.6	4.6-5.8	5.8-6.4	6.4-7.0
轴线数量	69	196	59	12	1	3	2
比例	20.2%	57.5	17.3%	3.5%	0.3%	0.9%	0.6%

轴线总数341 平均值0.86

韭园行政村连接值统计表 表5-3

连接值	<2.2	2.2-3.4	3.4-4.6	4.6-5.8	5.8-8.2	8.2-11.8	11.8-13
轴线数量	327	67	23	9	5	1	1
比例	75.5%	15.5	5.3%	2.1%	1.2%	0.2%	0.2%

轴线总数433 平均值1.16

贾沟村连接值统计表 表5-4

连接值	<1.5	1.5-3.0	3.0-4.0	4.0-4.5	4.5-5.0	5.0-5.5	5.5-6.0
轴线数量	65	71	45	6	0	2	1
比例	34.2%	37.4	23.7%	3.2%	0	1%	0.5%

轴线总数190 平均值0.94

2）深度值

读取深度值，可以分析轴线空间的与外界连通的便捷程度，深度值越高的地方越不易到达，可以说是"曲径通幽"；深度值越低的地方，与外界的连通更便利，容易到达，可以说是"平坦空旷"。

图5-21是三家店村的轴线深度值分析图。通过颜色值冷暖对比可以进行理解，颜色越冷代表数值越低。从图中可以很清晰地看出，三家店村的主街是整个村落深度值最低的轴线。这条街是三家店村最主要的街道，也是核心街道，现在作为三家店村的商业街，全村几

图5-21　三家店村轴线深度值

图5-22　琉璃渠村轴线深度值

乎所有的生活必需品和设施都位于这条街道之上，例如超市、理发店、电脑店和小学等。村落主街由前、中、后三段街道构成，前街和中街的深度之比较低，相对较为平坦，容易到达。在古村落周围新发展的村落区域，则是深度值为暖色的轴线区域，这体现了三家店村的新村发展仍然上以古村落为主的过程。对于较远处的幼儿园和居民区域，是颜色最暖的地方，要到达这些地方仍然需要走较远的路程，也就是"曲径通幽"。

　　图5-22是琉璃渠村的轴线深度值分析图。村落主要街道空间的深度值呈现紫色调，范围也较为平均，这和整个村落的发展体系关联性较大。琉璃渠大街、琉璃渠后街以及中间连接的南

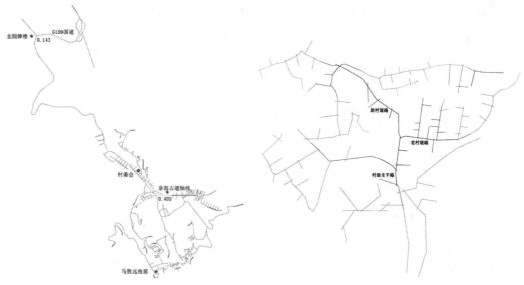

图5-23 韭园行政村轴线深度值　　　　　　图5-24 贾沟村轴线深度值

北向街道都具有颜色较冷的深度值，村落的地势比较平坦，发展区域较大，村落整体性较强，村内的公共空间场地和公共设施的布置较为均衡，从村落外部进入到村落内部并不会有较为突然的过渡。也就是说，琉璃渠的村落整体上都是较为开阔平坦的街道空间，空间分布均匀，村落内部没有过多曲折突变的街巷。靠北部的村落部分，也与南部村落自然连接。以琉璃渠大街和琉璃渠后街为主要交通而发展起来的琉璃渠村，有较好的地势以及便捷的交通。

　　图5-23是韭园行政村的轴线深度值分析图。图中较冷颜色的区域，深度值较低，表明空间可达性高，容易到达。在整体村落的最北侧，G109国道的韭园牌楼处的轴线呈现出的深度值最高，显示为红色，说明从村落内部到国道处要经过比较蜿蜒曲折的道路，而且路程较远，因此整个村落地处的位置可以说比较偏僻，村落整体上不易为外界所到达。在村落中心村委会的位置呈现出最低的深度值，数值较低呈冷色调，这一区域位于4个自然村落的结合区域，到达4个自然村相对较近，因而其具有最高的可达性，地势也相对更加开阔平坦。而南面的东、西落坡两村，由于道路的蜿蜒曲折，深度值相应增加，可达性减弱。马致远故居的深度值呈现浅蓝色，处于中等水平，可达性也没有呈现出很高的优势，但因其自身的人文历史底蕴，作为旅游文化景点，有很大的发展意义。

　　图5-24是贾沟村的轴线深度值分析图。贾沟村的深度值特征也基本符合村落整体的发展趋势，由于村落规模较小，主要的街道为村内主干路和连接老村与新村过渡道路。这些道路深度值呈现蓝色，数值较低，是容易到达的区域，也是交通环境相对较好的区域。在村民的日常生活中，这几条街道是所必须通行的地方。街道虽然不够开阔，但是在整个村落体系

下，仍然是最为重要的交通枢纽。贾沟村位于山坡之上，最北侧的区域深度值最高，呈现暖色调，这些地方最不容易到达，要上坡、过桥方能到达，此处的民居都较为偏僻。

3）整合度

整合度是空间句法量化分析中最为核心的参数，整合度基本上表现为与深度值相反的图像。整合度是吸引到达交通的能力，可达性与整合度成正比，整合度高的空间可达性也高，整合度低的空间可达性也表现为较低。对于一个村落的轴线模型，首先要分析全局整合度，其次，以拓扑半径3、5、7、9为分隔分析局部整合度情况。考虑到村落的规模，下面将以半径为3来解析局部整合度图像。对于全局整合度，则主要分析每一个模型的"整合度核心"情况。整合度核心，就是可达性最高的空间集合。在传统村落中，可达性较高的空间可能不多，但将其作为一个整体，就可以成为村落的整合度核心，这些核心区域往往可以体现村落中公共空间在整体上的分布特点。局部整合度则可以分析村落在较小的组团范围内的空间情况。

从三家店村的全局整合度（R=n）来看，在三家店古村落主街的前半段街道是最高的，数值为0.54左右（图5-25）。与这条主街相关的东侧村落部分的全局整合度数值也呈现为暖色调，随着距离这条主街的距离变远，颜色逐渐变冷，数值降低，最低值在0.23左右。分析三家店村的全局整合度，由于三家店的主街是历史上村落的发展中心，也是现今整个村落的日常活动中心，商业以及一些古树、历史文化古迹位于这一区域。因此这一段阶段的可识别性是最强的，同时也是可达性最强的，可以说是三家店全村的整合度核心。由于三家店距离城区比较近，附近也有多条公交线路到达，使得三家店村的发展逐渐区域城镇化。在三家店村东部有明显规划格局的新村区域，以及东北方向在村落内部深处的民居区域，相较于这条主街，在全局整合度的表现上都逊色一些。通过R=3的局部整合度图分析，东部村落中有一些轴线呈现明显的红色，数值可达到2.3左右（图5-26）。这也进一步表明了，经过合理规划的村落存在着区域内部整合度的核心。在此区域内的居民，在交通便捷程度上，相较于村落内部可达性较低的区域，具有更为便利的生活方式。在这个区域内，有行政大院和停车场等较为正式的公共空间和公共设施用地。这也正是反映出这一区域在全局整合度上数值不低，在局部整合度上数值很高的特点。

图5-27是琉璃渠村的全局整合度分析图。图中轴线成暖色调的数值最高的区域在琉璃渠村的老村委会处，数值处于0.57～0.61范围内。琉璃渠后街和琉璃渠大街是琉璃渠村的两条主要街道，在全局整合度的分析图中，琉璃渠的后街数值要高于琉璃渠大街。琉璃渠后街的全局整合度平均值为0.55，琉璃渠大街的为0.49，它们之间的主要通道，即南北向大街的全局整合度平均值是0.56，数值与琉璃渠后街相当甚至略高。这是因为，在南北向大街和琉

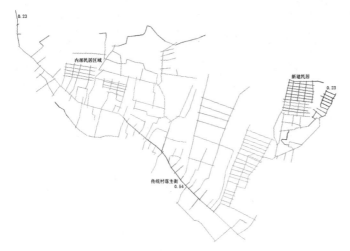

图5-25 三家店村全局整合度

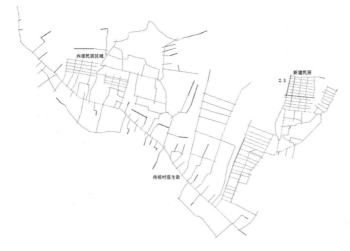

图5-26 三家店村R=3局部整合度

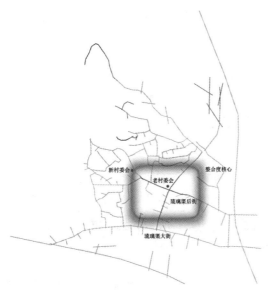

图5-27 琉璃渠村全局整合度

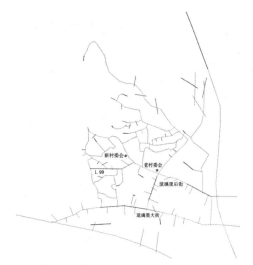

图5-28　琉璃渠村R=3局部整合度　　　　图5-29　韭园行政村全局整合度

璃渠后街的交点处，是整个村落的整合度最高的核心，在图中是红框所标识出的区域部分。这一区域也是琉璃渠村委会的所在范围，可以说是村落的行政中心。可以推测，琉璃渠村的发展是根据两条街道、以老村委会为导向的发展。由于发展需要，琉璃渠的新村委会设置在老村委会的西边。因为此场地依然处于全村的整合度核心区域，并且具有更为宽阔的场地，更有利于建设行政办公的公共场所和相关配套等服务设施。另外，与连接值图对比可以发现，整合度最高的区域，也是琉璃渠村连接值最高的区域。在连接值图中，南北向的街道表现更为突出，而在全局整合度的图中，南北向街道与琉璃渠大街、新旧村委会所在区域共同构成整个村落的整合度核心。在R=3的局部整合度图中，可以很明显地看出红色轴线分别位于不同的村落组团中（图5-28）。此时，南北向街道的整合度依然很高，琉璃渠大街西侧的半段轴线，局部整合度很高，平均值达到1.99，而所有轴线的平均值为0.66。在这个1.99的区域内，民居分布很多，且临近铁道，所以这一段街道是这部分村民的最为重要的交通通道。在全局整合度图中数值很低的两条轴线，在局部整合度中却为最高值，可见，在各自的村落组团区域内，依然存在着各自区域范围内的"整合度核心"。

图5-29是韭园行政村的全局整合度分析图。通过轴线数值分析，韭园行政村中位于最北边的轴线，整合度最低，数值只有0.143。对应实际地图，此处为进入整个区域的标志物——"韭园"牌楼所在。表明此处标识物的设置对整理村落空间影响力有限，牌楼与村落的公共空间联系不大，从牌楼到进入村落空间部分需要历经一段不近的路程。从实际调研看，西落坡村民到此处牌楼步行时间将近一个小时，可见村民的出行并不方便。从分析图中看，村子内部出现了整合度最高的轴线元素集合。这些轴线位于韭园村与桥耳涧村的交

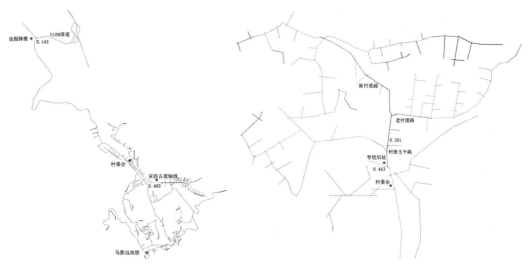

图5-30　韭园行政村R=3局部整合度　　　图5-31　贾沟村全局整合度

汇之处并由此处向外延伸，是村落中重要的公共空间区域。村委会所在位置在选址上有着很大的优势，是全村最为核心的交流地带，也是整合度核心区域。而且，在此处设有北京旅行咨询处，在一定程度上满足与外界交流的需要。桥耳涧村中位于京西古道的轴线部分，徒步游览的人群众多，是全村公共空间中活力最高的段落，可达性和可识别度都表现为最优。对于局部空间量化研究，则选取R=3的局部整合度分析图来分析（图5-30）。从图示轴线可以看出，位于韭园自然村和桥耳涧自然村连接之处的京西古道所在轴线，不仅具有最高的全局整合度，也具有最高的局部整合度。说明此处为村落可达性最好的空间，可以作为重要的公共空间加以利用，开发旅游资源。另外，位于西落坡村西南部的轴线局部整合度也较高，此处是马致远故居所在地，也是村落中具有历史文化底蕴的区域，凝聚着村民的文化认同感。同时，东西落坡村之间并没有明显分界，连成一体发展，空间具有一定的共享性。

图5-31是贾沟村的全局整合度分析图。从图中可以看出，由于贾沟村的村落形制相较于其他三个村落，在规模上偏小，且位于山坡之上。因此根据轴线模型计算出来的整合度较高的区域比较集中，基本全局整合度最高轴线位于村落民居入口的主街道以及两支分别通向老村落和新村落的空间之上，数值为0.48～0.52。村委会等行政办公区域，由于距离村内道路和村民民居较远，并没有表现出较高的全局整合度，但这些空间的可达性也是比较高的。村口的旧学校区域，也是目前村内的健身器材设施场地，整体整合度也不够高。可见整合度核心区域并不一定要与村内的主要的、正式性的公共空间对应。虽然村口的健身器材设施场地的空间全局整合度为0.4，其可达性并非是最高的，但在实际生活中，这个场地具有较高的使用频率。调研中发现，在冬日的午后，也会有老人来此地休息闲谈以及做一些日常

运动等等。通过R=3的局部整合度图，能够看到，数值最高的轴线位于老村落的入口街道处，也是村内的古树辐射区域。在这个非正式的公共空间内，有较高的台基，可以形成空间上的虚拟分割，又有古树的辐射，形成了一个较为明显的公共空间。加之此处轴线具有较高的局部整合度，可见这一公共空间也是附近村民在日常生活中愿意到达的休闲区域（图5-32）。

4）选择度

选择度表达了一个空间作为交通道路的使用频率，展示其被穿过的频率，可以用这一参数分析村落中的交通现象。图5-33、图5-34、图5-35、图5-36，分别为三家店村、琉璃渠村、韭园行政村和贾沟村的选择度分析图。对图的分析，可以看出村落中的交通潜力较大的相关街道，对街道的分析也可以进而分析村民在日常生活中的交通方便程度。

图5-33三家店村的轴线选择度分析图。从图中能够发现全局的色调都呈现深蓝色调，在三家店传统村落的主街呈现明显的亮色，整个村落的右侧新规划街道呈现黄色调。三家店的主街是整个三家店村落生长的基础，呈现出亮色也是与实际使用情况较为相符。从村落入口处进入主街，随着路程深入选择度颜色逐渐由暖变冷，也正显示出主街外部利用率高、穿梭率高，内部的通行数较少的实际情况。村落整体的右侧部分干路呈现亮色，说明这部分村落规划较为整齐，路网分布均匀，居民也整齐均匀。由此可见，整体村落在主干道路和右侧干路的穿越活动性是最高的，是村内最为重要的交通道路，对附近的居民而言也具有较高的生活便捷性。

图5-34是琉璃渠村的轴线选择度分析图。琉璃渠村的选择度分析图呈现的规律是村落外围轴线颜色最深，随着向村落内部深入，轴线颜色逐渐明亮起来。其中，以老村委会处为核心空间，此处选择度呈现为红色，说明此处的交通能力是最强的。稍微往西一点的地方，是新村委会的办公场所，此处为一个较大的公共空间区域，其中有党建单位也有村内的主要招待所、饭店等。南北向的街道是贯穿琉璃渠村落整体的街道，选择度高说明此段交通的穿越频率高，是村民日常生活中的主要通道。由村外进入到村内的交通，颜色也为亮色调，说明这一段从东至西的交通，是进入琉璃渠村内的主要道路。综上，琉璃渠大街和琉璃渠后街以及南北向贯穿的街道，使琉璃渠村的发展方向为由内而外延伸发展，这一区域也是全村穿行率最高的区域，这一区域担负的交通功能与村民日常生活息息相关。

图5-35是韭园行政村的轴线选择度分析图。从图中可以看出位于韭园自然村的红色轴线是全村中使用频率最高的路径，这段路径具有最大的交通潜力。探究其原因，不难看出，由于韭园村位于山谷之间地形狭长，这段路径是从外部进入到村落内部（包括桥耳涧村、东落坡村和西落坡村）的必经之路。同时这段路也具有很高的整合度，因此村委会和旅游咨询

图5-32 贾沟村R=3局部整合度

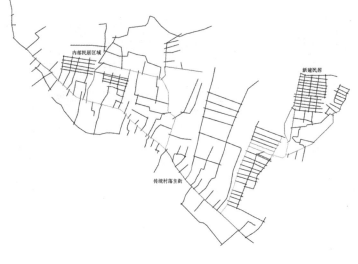

图5-33 三家店村轴线选择度

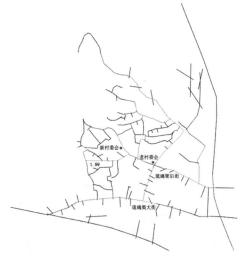

图5-34 琉璃渠村轴线选择度

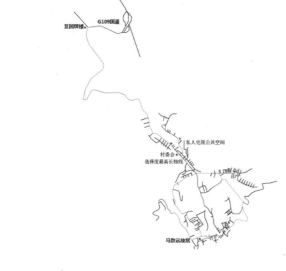

图5-35　韭园行政村轴线选择度

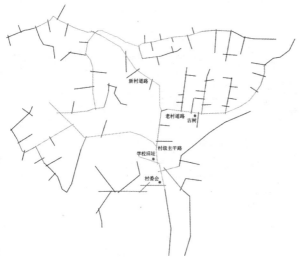

图5-36　贾沟村轴线选择度

设立在此处，门前设有广场，也是在利用村落中具有最大穿行频率的公共空间。从图中明显可以看出，韭园自然村主干路的长轴线亮度明显高于其他不规则的短轴线，主干路轴线明显突出。而4个自然村落中的狭小空间颜色均为数值很低的深蓝色，可见其作为交通的利用率并不高，这也体现出村民之间的相互交流并不方便。实际调研中发现有些村民利用自家院落营造成公共聊天交流的区域，而这些村舍也正是位于红色长轴线上，而非蓝色区域的短轴线上。而一些位于短轴线的公共健身器材空间，实际的利用率也是非常低。

图5-36是贾沟村的轴线选择度分析图。贾沟村老村落部分的主要道路呈现两色，选择度数值较高。这其中分布着一些非正式的公共空间，穿越潜力大，也是在这个区域的村民每天必须经过以及停留的道路。新村落随着时间的推移和村落的建设，主要的交通道路呈现为向

北侧的一支和向西侧的一支。由此可见，贾沟村由于村落规模较小，人口也相对较少，但新旧村的对比依然明显，图中亮色部分的街道成为村民每日必经的道路。依据贾沟村的选择度分析，能够发现该村落交通潜力最大的轴线处于老村落与新村落的过渡之处。

5）可理解度

可理解度以散点图的形式来呈现，描述空间局部与整体的相关程度，分析一个村落在整体上是否容易被人认知理解。以X轴为全局整合度（R=n），Y轴为局部整合度（R=3），生成散点图，R^2 称为拟合度。通常在拟合度在0.5以上，代表吻合度较好。以拓扑步数为3，来分别分析三家店村、琉璃渠村、韭园行政村和贾沟村的散点图，总结对比各个村落的可理解程度。

由于可理解度分析的是村落整体上与局部的协同关系，因此对于4个村落的可理解度用对比的方式来解读。离城区较近的三家店村，拟合度R^2 的数值为0.003；浅山区的琉璃渠村的拟合度R^2 数值为0.274；韭园行政村的拟合度R^2 数值为0.137；较远处的贾沟村的拟合度R^2 数值为0.216。

通过对比可以发现，三家店村的可理解程度是最低（图5-37）。但是，三家店村是城镇化程度较高的村落，村落整体上从古村落的发展到人口增多后的新村落建设，都呈现出一定的规律。古村落结构简单，类型比较单一。在京西古道的影响下，村民对于村落整体有一定的集体认知感。而新村落在规划上用地更加合理、房屋排布整齐，公共空间的设计也较多，在日常生活中满足了人们的生活所需。但是在可理解度的分析图中，拟合度的数值并没有表

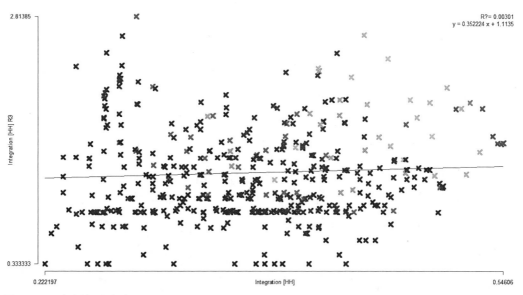

图5-37 三家店村可理解度

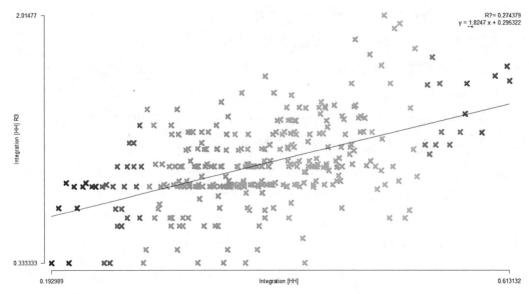

图5-38　琉璃渠村可理解度

现出很高的优势，反而是数值很低，可见可理解度的数值呈现与人为建设关联度并非很大，还是要基于村落本身的发展脉络和基础。

　　琉璃渠村整体可理解度数值略高于其他3个村落（图5-38）。这与该村落整体的网格空间类型有关系，在交通上村落内部比较连通，路网的长度适宜，村落的核心整合区域位置集中，公共空间的分布也比较均匀。村民在日常的生活交往中，有较为便利的生活，邻里宅间产生的交流区域也比较多。在传统琉璃文化的影响之下，村民整体认同度高。加之从城市到村落的交通也比较便捷，村落整体上可理解度偏高。

　　韭园行政村的整体可理解度数值是4个村落中数值偏低（图5-39）。这显示出村落不容易被人认知理解，对局部空间的认知与对整体村落的认知吻合度也较低。所以整个村子无论对内或者对外辨识度都不高，不利于村落被理解。这与村落的地形有很大关系，由于村落狭长，而且韭园行政村是由4个自然村组合而成，北部二村（韭园自然村、桥耳涧自然村）与南部二村（东、西落坡村）的连接处薄弱，深度值增大，可达性降低，因此不易到达、不易被理解。散点图中的最右侧的红色区域也即为村委会和旅游咨询以及京西古道的空间轴线处，这些散点的呈现红色，是数值最高的部分。所以此区域最容易被理解，体现出了这一空间的重要性。而村口的进村道路轴线则是深度值最大，可理解性最低的地方，可达性差，是最不容易被理解的。

　　贾沟村的可理解程度在4个村落中并不低（图5-40）。虽然贾沟村是4个村落中距离城市最远的，且村落处于山地之上，发展空间较为受限，村落的空间与其他3个村落相比也比较

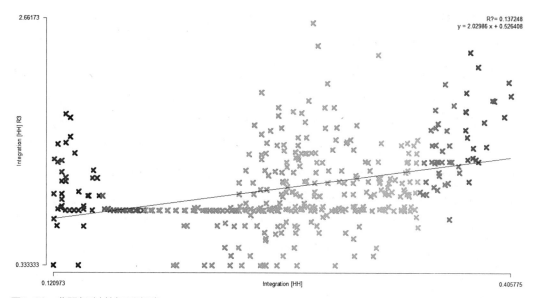

图5-39　韭园行政村村可理解度

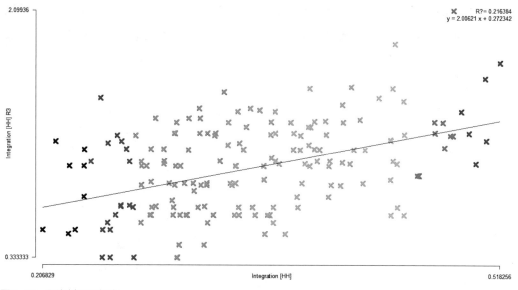

图5-40　贾沟村可理解度

简单，人口也较少，但是村落的整体空间较为有秩序，自身发展脉络界限明显，在整体上统一协调。贾沟村的形象肌理与地形能够较好的融合，较好地利用了山地条件，公共空间的体系较为完整。因此，村落规模小，构成简单，但是结构合理稳定，因而可理解度令人满意。

4. 量化结果分析

连接值：连接值较高的轴线基本不会出现在村落边缘部分，出现在村落内部一些经常使用街道的概率较大，这些街道的渗透性通常为最佳。村落中渗透性较高的区域通常会出现较为主要的公共空间，如村委会等。村落整体上连接值的平均值在1左右。

深度值：在组团状或者更复杂的网格状村落类型来看，村落空间内的主要街道以及具有较重要的交通街道都具有较好的深度值。在所有村落的外围空间，深度值都表现为暖色调，可见在村落边界部分，还是不具备优秀的交通能力，这些地方都是"曲径通幽"的地带。

整合度：四个村落的整合度平均值相当，三家店村平均值为0.368，琉璃渠村平均值为0.388，韭园行政村平均值为0.275，贾沟村平均值为0.347。基本处于0.3左右，数值并不算高，反映出村落空间的便捷程度较低。与城市相比，作为自然生成的传统村落，全局整合度的平均值确实会适当降低。新的村落随着发展规划的进程，可能出现全局整合度不高，但局部整合度却表现得很高的现象。村落本身抱团发展的过程中，村落内部亦会出现局部整合度高的轴线空间。

选择度：村落的主要街道连接值通常为亮暖色调，与实际的村落发展相符。选择度轴线多以深色为主，可见在村落的交往过程中，交通依然存在着不便利性。

可理解度：传统村落的可理解程度基本上较低，仅为0.5这个数值的一半左右甚至更低，而且村落的可理解度在村落的动态演变和人为更新建设下，不会产生显著的差异。

第6章　京西传统建筑的物质形态

建筑是组成村落的基本单元，建筑的布局结构、院落关系与基本形态等是形成村落整体风貌的重要因素。京西古道区域建筑属于北方传统民居体系，但又具有一定的特异性。本章从文化模式角度将传统村落内的建筑进行划分并分析，主要从以下几个方面着手，即由宗教文化带动的信仰崇拜场所——庙宇建筑；由商业文化推动的商业建筑——商居建筑；由日常生活引发的居所空间——居住建筑。

6.1　庙宇建筑

京西地区的宗教传播相对较早。自北京城建都以来，宗教发展延绵不断，在明清时期民众的宗教意识空前繁荣。京西地区拥有多座庙宇，并经历各朝各代的修缮管理，有不少庙宇建筑留存下来。

京西古道沿线村落的庙宇并没有过多浓重的宗教色彩，而是由人们对生产生活的美好向往发展而来。

1. 位置选址

传统村落布局中，庙宇有着重要的位置。一方面庙宇是人们向神佛祈求帮助之所在，旧时庙宇在村里具有约束人们思想的作用；另一方面庙宇的建设数量和品质是一个村落经济文化的象征。这些庙宇建筑是村民重要集会和娱乐活动的中心。

三家店村内有多处庙宇建筑，反映当时村民和客商的用水需求。其中，二郎庙位于村北的山坡之下，明朝建成，庙宇是水利、农业相关的祭祀场所，供奉的是水神，目的是为了祈求当地水利安全。位于村西北口的龙王庙始建于明崇祯年间，其中供奉四海龙王及永定河龙王，用以祈求风调雨顺，无永定河水患影响。这座庙宇中河龙王与海龙王并存，独具特色，其精湛的工艺和保存的完整性是北京传统村落中少有的。关帝庙铁锚寺，与龙王庙相隔不远，原本供奉的是关公，后因为煤运商贸的影响在三家店村口架起了板桥、修建了渡口，改为陈设铁锚，用以纪念，自此关帝庙的功能与意义发生了变化，名称也随之修改。此外，白衣观音庵建于唐代，位于三家店中街的道路三岔口，由于内部供奉白衣观音菩萨而得名，也是三家店最早的庙宇建筑。三家店内的庙宇建筑均位于村内主街及沿线上，并且各庙宇建筑的出现即为主街的重要节点（图6-1）。这类建筑通常高于普通民居建筑，由中国古代的尊

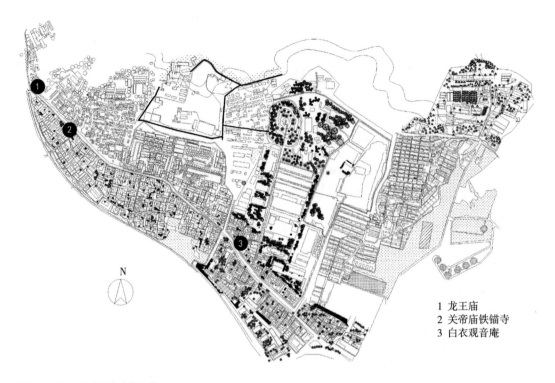

1 龙王庙
2 关帝庙铁锚寺
3 白衣观音庵

图6-1 三家店村庙宇建筑区位

卑秩序可见传统村落对于庙宇建筑的集体认
同感及崇拜感。

2. 空间作用

传统村落内的庙宇建筑均紧邻主要道
路，并且在村落街巷肌理的组织中起到一定
的限制作用。斜河涧的广化寺则位于村落南
侧，距离民居建筑有一点距离，有且只有唯
一的一条山路直达庙宇门口。这条山路是村
内主街的延长线，庙宇限定了村落的南侧边
界，并且位于村落的制高点（图6-2）。而琉
璃渠横向有前街与后街两条主干道，村落地
理选址高度自西向东缓坡下降，而西侧的关
帝庙在村落空间组织中起到了边界限定与支
配空间的作用（图6-3）。

图6-2 斜河涧村广化寺的位置

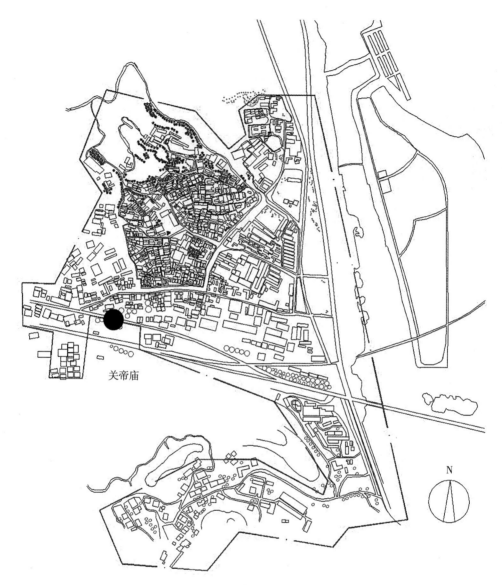

图6-3　琉璃渠村关帝庙的位置

3. 院落组织

京西地区的庙宇建筑多为一进的三合院落。正殿为三间或五间，厢房位于两侧，与北京城内建筑相仿，体现传统礼教制度的仪式感。

琉璃渠关帝庙位于村西的边界附近，丰沙铁路上行北侧，且入口与村内主街（前街）相连。关帝庙虽然院落形制不规整，但依旧由正殿与两侧配殿组成，是典型合院的形制特点。庙宇建于明代，清代重修。正殿朝东，有三开间，建在高一米的青石台阶上，两侧各一间耳房。院落内部南北两侧配殿各三间，建筑墙体磨砖对缝，工艺精湛。建筑以青石灰瓦覆顶，

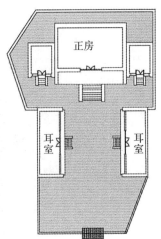

图6-4　琉璃渠村关帝庙

门窗均为竖菱形格，与周围民居建筑大致相同。由于建筑进深较大，拥有两进院落的长度，因此进入院落内部之后由一条铺设砖石的长走道直通向朝拜的正殿。正殿前有垂带踏步八级，强调了庙宇建筑的仪式感（图6-4）。

4. 建筑基本形态

1）建筑入口

庙宇建筑在地理条件允许的情况下通常会强化建筑入口空间的仪式感。建筑院门与两侧外墙形成一个严肃的空间界面，后退道路一段距离或增加几步台阶，衬托建筑的庄严感。三家店的白衣观音庵，虽然位于一个三岔口，空间紧张，但建筑入口向内退，在交叉口形成一个三角形的开敞空间，将建筑入口的完整性表达了出来（图6-5）。

2）功能空间

宗教空间的基本功能可以划分为四个部分，金秋野在《宗教空间北京城》一书中进行了高度概括："宗教崇拜功能，服务起居功能、参观游览功能和宗教管理功能"[1]。宗教崇拜和参观游览是对外功能，分别针对的是信众和游客；服务起居和宗教管理是对内功能，面对庙宇中的僧道与管理人员进行宗教管理。

铁锚寺位于三家店村西街头路南，据《宛署杂记》记载庙宇建于明代。正殿原本供奉的是关公像，两侧配殿亦有相关塑像。后由于永定河水利航运的开通，三家店设置了渡口，关帝庙中就供奉了一只出自永定河渡口的大铁锚。村民认为铁锚为镇水之物。因三家店村在永定河旁，雨水时节常受洪水危害，以铁锚固定，村子可免受水患。如今，庙中塑像和铁锚均

---

① 金秋野. 宗教空间北京城［M］. 北京：清华大学出版社，2011.

图6-5　三家店村白衣观音庵入口

图6-6　三家店村关帝庙铁锚寺

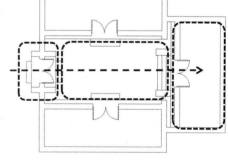

已不存，但建筑形制依然。供奉铁锚之寺，现北京只此一家。

庙宇坐东朝西，三合院形式，前有门楼，庙内正殿三间，两厢配房各三间，山门上石额刻"关帝庙铁锚寺"楷书大字。建筑院落方正，由门楼如内正对正殿，原用于宗教崇拜，后作为参观纪念。因此建筑的功能空间由外至内愈加严肃，并且空间导向直观明确（图6-6）。

3）材质运用

由于庙宇建筑的重要性，同时由于琉璃渠村烧制的琉璃远近闻名，因此一些庙宇在修缮的过程中均会使用琉璃装饰屋面，用来表达与民居建筑的差异性。颜色润泽的琉璃制品相比于灰砖青瓦颜色暗淡的其他建筑来说，更能凸显其在村落内的独特地位。琉璃渠村的关帝庙使用琉璃瓦覆顶，表达建筑的特异性，高于民居的建筑地位（图6-7）。

图6-7　琉璃渠关帝庙琉璃顶

6.2　商居建筑

由于京西古道穿过京西地区，因此相比较其他北方村落，京西地区有不少村落有商居型建筑。位于京西古道的东出口，三家店村作为煤炭运输与中转中心，是典型的商居村落，下面将主要以三家店村为例来分析商居建筑。近些年随着用煤量的减少，京西的煤矿产业已经逐渐消失，随着天然气、电力、太阳能等在取暖和炊事等方面的推广，越来越多的煤炭商业工厂改建成其他产业或关门休业，现在三家店村仅存的零售商业，都是用于提供基本生活用品。虽然煤炭商业已经逐渐消失在现代文明之下，但是当年煤炭商业业态的发展对三家店村的建筑布局、建筑工艺和建筑类型等造成了决定性的影响。

明清时期三家店村主街上人来人往、络绎不绝的繁荣景象确定了历史上这里商业文化的高度发达。《二郎庙重修碑》、《重修龙王庙碑记》、《三官庙碑》、《重修西山大路碑记》等碑刻记载，村中曾有商业店铺三百余家，其中绝大多数为商铺，另外均为煤炭行业的衍生品。三家店村古商业文化和古道的发展休戚相关，不仅代表了古道的繁荣，也代表了京西商业文化曾经的辉煌。

1. 位置选址

历史上京西古道大多为村内主街，一些节点村落的商业建筑就自然坐落在主街沿线，三家店村就是这样典型的村落。京西古道地区商业多围绕煤炭、运输等服务业展开，因此一些客栈、饭店、手工艺商店等业态需要紧邻交通要道，而其他商业建筑也多围绕古道进行沿线布置。三家店村主街历史上有一百多座商铺，仅由殷姓人家开设的商铺就包括西街89、西街85、西街25、中街75、中街73、62、54、40、82号等，现在的商业集中在东街，主要包括东街78、东街76、东街70号等几十家（图6-8）。

图6-8　商居建筑位置现状示意图

2. 院落组织

商居建筑按院落组织关系可分为两类，一类为沿主要道路的服务建筑，这类建筑通常为单进四合院，沿街为商业门脸，内院为经营者的生活居所；另一类为商业与住宿结合的客店驿站等建筑，这类建筑通常拥有多进院落。

1）单进四合院

这类商居建筑与普通四合院的院落布局相似，区别在于四合院沿街的一侧房间作为商业经营，设置对外的出入口，但内部院落相对私密。这类商居建筑与普通民居建筑的差别在于并不严格遵守传统四合院的尊卑秩序，沿街一侧的建筑单体通常是最高的，其他三侧建筑单体按正房、两侧厢房和倒座房的制式进行布置（图6-9）。

除了煤厂等功能性建筑外，由于山西商人云集，为满足商议、接待和休息的需要，设置了专门建筑用于此目的，称为山西会馆。现保存较好的山西会馆位于三路店中街道路西侧，建于清乾隆年间，为硬山建筑。屋脊为黄釉，上排福兽，顶部覆盖黄色琉璃瓦（图6-10）。院落布局为典型的三合院建筑，虽然现在归于三家店小学，但建筑体量完整，修缮得当。由于煤炭物流商业业态，文化交流也有所发生。表现在现保留下来的传统建筑，在吸收北京传统民居特色的基础上，门楼、屋檐、顶砖装饰等也包含了一些山西等地外来文化的特色。

2）多进四合院

这类建筑通常为煤运客栈，供古道上来往的煤运商人休憩饮食。院落内部空间开敞，道路宽阔，为了便于驼马车队进入，建筑沿街的入口大门会设置活动的门槛，有需要可以撤

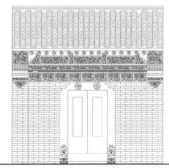

东街78号院局部立面图

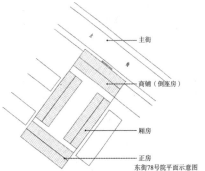

东街78号院平面示意图

图6-9 三家店东街78号院

图6-10 山西会馆

下。建筑的进深较大，院落整体呈狭长的形制。现存商居建筑实例中，三家店村中街54号院是典型多进四合院，进深最大可达80多米。院落的首尾连接着两条平行的街道，每进院落的入口并非由门楼等明确的空间限制节点界定，均由建筑围合成各个院落，并没有明确的节点区分院落空间（图6-11）。

三家店中街54号院平面示意图

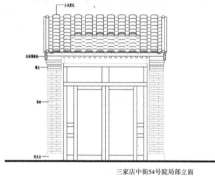

三家店中街54号院局部立面

图6-11 三家店中街54号院

图6-12 三家店西街
33号院入口

3. 建筑基本形态

1）建筑入口

由于煤炭储存需要较高的防潮标准，三家店的商业建筑地基均较高。高地基可以防止雨水的倒灌和渗透造成建筑墙体的损毁。院落布局在进深上较一般院落更为狭长，能够减小京西山区风沙的影响，利于煤炭存储。院落入口的大门宽阔且门槛是可活动的，能够满足马车运送煤炭的通行需求（图6-12）。

2）功能空间

功能上，商居院落的建筑空间大多不是中轴对称的形式，多进的商居院通常以客栈住宿为主，这类建筑不分主次空间与尊卑制度，因此空间多均等分布，空间大小、形制相差不大。

6.3 居住建筑

独特的木梁结构，内部庭院的房屋形式，是我国传统民居的主要类型。北京四合院是传统居所的形态之一并且具有区域特色。明中晚期，传统村落的住宅院落和传统北京四合院一样以人们的生活作为中心点，人们之间的沟通交往，影响着周边村落的发展成长。因此除了主要分布在北京城内和近郊地区的传统村落外，京西古道地区的村落受到北京城和周边地区的影响，起到与内蒙古、山西和河北的文化交流。虽然同处北京，但建筑形式也有所不同。北京城内的四合院建筑规制完整，街巷条理清楚；郊区的农村住宅在此基础上加以改进，但依旧保留规矩的形态和布局；而京西古道沿线村落的住宅虽然也具有北京四合院的平面和空间特征，但由于位于京西山区，自然环境和社会环境对本地住宅的风格有较大影响，使得居住建筑拥有自己独特的特点。

1. 院落组织

京西的山区村庄院落式住宅，以庭院为基础，由于社会的阶级政治对住宅建筑规制的影响以及传统的乡村经济、文化和山地环境对建筑形态品质的影响，使得建筑的组合方式多样化。村落中小手艺商人的房屋布局简单、交通的自由，材料和结构相对简陋；商人和官僚贵族使用的住宅形制要求相对讲究。他们的政治地位越高，生活条件越好，院落的居住形制与规模也就越大。在住宅院落组织上呈现出三合院、单进四合院和多进四合院等形态。

1）三合院

三合院的住宅形式最初由一字型的住宅发展而来，正房的两端向前延伸，演变为两侧厢房。院落中心的庭院空间有三侧建筑与入口一侧外墙围合而成。建筑多采用中心对称的传统布局手法（图6-13）。

京西传统村落原生民居以四合院的住宅形式为主。京西地区的单进四合院住宅基本上为农民、贫困农户的住宅。村里的富农和贵族官僚的宅院则拥有更为丰富的院落空间。无论是单进院落还是更高层次的庭院，传统村落住宅都是以四合院为原型的变体。由于地处山区，依山而建，依山就势，利用山地高差，打造具有当地特色的山院。与城市院落对称的庄严肃穆的传统平面、规则的布局相比，王平古道沿线村落的院落空间布局较为自由多变。

图6-13　三合院居住建筑

2）单进四合院

这类住宅形式最常见。主要由正房、两侧厢房、倒座组成，少量的建筑也配有耳房，建筑布局较三合院来说更为中庸对称。传统的单进四合院庭院规模小，但功能齐全，最适合小户家庭使用。

四合院正房是居住的主要空间，是住宅中最高的建筑，地位最重要并且风水是最吉祥的，京西山村庭院大部分朝南，但由于京西山地环境的道路走向，也有一些房间是坐西向东。正房一般为三至五间，中间一间一般为厅，用于接待客人。两侧的房间作为卧室或其中一侧设置为厨房。建筑多功能并存，是家庭生活必不可少的公共场所。图6-14所示的三家店中街59号院是典型的单进四合院。

3）两进四合院

两进四合院分为前院和后院。后院比前院更私密，对于家庭成员来讲，一般是长辈、女性及孩童的生活区。规模上，前院相对狭小，空间拥挤，但京西山村的两进院落和城市的略有不同。北京城区典型的两进四合院，先进外院，它主要是用来日常交往的社交空间，接待客人的场所，由倒座、厕所、门楼等围合而成，空间细长狭小。而京西古道地区的建筑空间较为自由，且商人较多，外院空间并不十分拥挤。北京城区两进四合院在进入内院时，往往通过一进院落北端中央轴线设置的第二道门进入，表达区分内外空间的仪式感。这两扇门两侧是靠墙隔开的。进入内院后建筑空间规整，讲究的人家通常用连廊将正房与两侧厢房连接

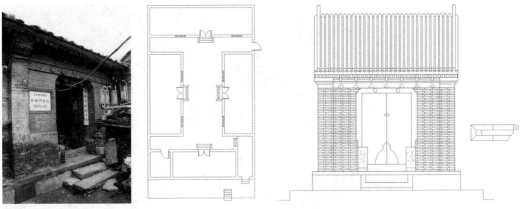

图6-14　单进四合院——三家店中街59号院

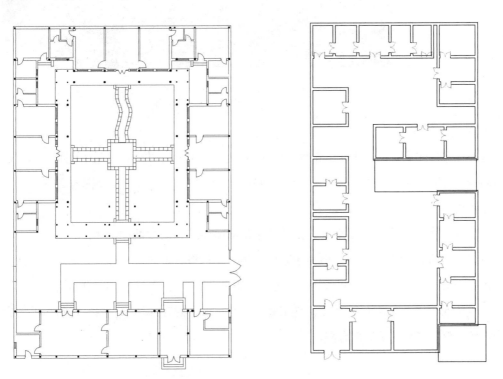

图6-15　北京城区与京西古道两进四合院对比

起来。而京西古道两进四合院有时以厢房的错位作为分界线，并无明显的区分标志，且中央轴线的强调不明显（图6-15）。

　　套院的形式使得前院和后院之间有一个更加明显的轴线关系，因此轴线关系错位的情况发生较少。套院有外院与内院，即一个三合院、一个四合院串联而成。大部分住宅于东南向进入，但也有一小部分入口位于其他位置。进入院子后，正前方或左转会有二门，厨房设置在东侧，厕所设置在西南角。二进院落的地基高度通常要高于一进院落，或者正房高度突出，彰显封建等级制度下的家庭伦理秩序。

4）多进四合院（并联四合院）

在两进的四合院的基础上，逐步扩大，可以形成三进至五进院落，这样大形制的院落通常不是普通百姓的居所。只有一些大户的家族会将四合院建设横向跨院，形成并联的多进四合院。

古道村落中两进四合院多以套院的形式出现，琉璃渠邓氏宅院是为数不多的多进四合院。邓式宅院是一座拥有100多年历史的老宅院，建筑面积1195平方米，这里曾经住着琉璃渠村有名的天盛店的主人。邓氏宅院由两套相对完整、独立但又相互可连通的四合院组成，为一进和两进，门楼外有照壁，正房五间，两侧厢房多带耳房。东跨院是一个典型的二进四合院，由外院的三合院和内院的四合院组成，中间由一个倒座房进行空间分割。

2. 营造作法

1）台基

京西地区多山区。对于山地建筑而言，建筑地基的建造是房屋建筑中最迫切的问题。这个区域村落中最常见的解决方式是用石块、土灰等将缓坡地打造为平坦的宅基地，再在上面建造住宅，已达到稳固，同时兼顾防水与防潮的作用。

琉璃渠整座村落均建于缓坡之上，在适合打造平台的部分筑造台基，利用原始地形为出发点，打造出适宜建造民居的地理形态，并且由于在山坡上加建台阶使得山体土质更为稳固，增加了安全保证，减少了山区自然灾害出现的概率（图6-16）。梯田式的建造方式能够有效地缓解山地建筑自身空间落差问题，同时也增添了村落空间环境的趣味性与景观视觉的韵律感。

2）墙身

京西地区由于受到地形影响，同时也受到山西、河北等建筑风格的影响，民居正房的立面多以3~5间为主（图6-17），厢房多为两间（图6-18）。墙身材料多木质材料为主，立面显现出柱子的主要特点，与木质门窗共同组成。

京西地区立面槛墙有一定的作法。一般民居槛墙作法多由砖石垒砌而成。砖的砌法采用三丁一顺或者梅花丁的方法（图6-19）。比较讲究的有采用石砌，并用砖进行包角，以便与门窗连接（图6-20）。另外还有在砖墙外面采用线描方法来美化槛墙（图6-21）。

3）屋架

京西传统民居，屋架形式常见的有抬梁式木构件为主。图6-22a、图6-22b、图6-22c是三家店传统民居宅门的典型屋架，可以看出明显的抬梁式木结构特征。柱上放置梁架，梁上放置短柱，短柱上再放置梁，梁上放短柱，形成屋架结构。京西民居正房通常为三至五间，每

图6-16　琉璃渠村民居基础

图6-17　民居正房

图6-18　民居厢房

图6-19　砖槛墙

图6-20　石槛墙

图6-21　线描槛墙

图6-22a　三家店村中街36号宅门屋架

图6-22b　三家店村中街85号宅门屋架

图6-22c　三家店村西街95号宅门屋架

开间面宽3米左右，进深4～5米，采用"五檩八柱"的建筑结构。所用木料就近取材，除裸露在外的部分柱体结构需精细处理外，隐藏在屋顶内部的梁、檩等结构无需刻意处理（图6-23）。

4）屋面

京西地区传统民居屋面做法丰富，根据使用者地位等级和经济状况，屋面做法大致可以分为三类。质量较好的建筑常采用瓦质屋顶，瓦面采用底瓦和盖瓦，通过阴阳瓦覆盖，整齐排列。脊前使用瓦当滴水作为装

图6-23　西落坡村马致远故居正房屋架

图6-24　马兰村冀热察挺进军司令部旧址屋面

图6-25　三家店村殷家大院正房屋面

图6-26　西落坡村民居屋面

图6-27　草甸水村民居屋面

饰，主脊两端的蝎尾花卉图案通常用砖装饰，最为精美细致（图6-24），还有一种采用盖瓦间隔布置，经济性更好（图6-25）。另一种是采用石板与灰瓦混合使用。这种在京西地区民居中使用最为普遍。石板叠落盖顶，并用合瓦压住石板，用以稳固石板，另外空余的屋面还可以用以晾晒农作物（图6-26）。第三种屋面只使用石板材料，少见覆瓦，就地取材，有一定的地域特点（图6-27）。

3. 建筑用材

传统建筑的材料运用通常以工匠的建造经验传承为主，多用自然形成的适用于承重的材料，坚固耐用是建筑材料的首要特点，因此传统建筑均由砖石土木等材料建造而成。

1）木材

京西地区山地平缓，其间树木繁盛，植被种类齐全，适宜用作建筑材料的木材有数十种，无疑为周边的村落民居提供了巨大的材料支撑。古道沿线的村落建筑基本在五间以下，由于地形的限制，建筑面宽较小，因此用于梁架的树木较易获得（图6-28）。

2）砖石材

城区民居建筑墙体多以砖墙为主，建筑围合及承重都采用砖石砌筑，并且砌筑方法也各有特色，各种砖石块组合搭接营造出独特的韵律感和美感（图6-29）。然而京西地区的村落

图6-28　京西地区典型民居建筑木材使用

有些民居建筑并不具备完全使用砖墙的条件。这类建筑底部利用大小不等的石材或砖石结合的砌筑方法形成独特的砖石墙体。石材墙体底部用体积较大的鹅卵石块，中部的石块偏小或用砖块叠砌，石块间采用土或灰土进行填实（图6-30）。

4. 基本构件

1）宅门

建筑宅门是中国传统建筑重要组成内容。门承担着联系外部与内部通道的作用，标识着其所有者的社会与经济地位。门除了防御功能外，还代表了社会层面的意义。门当户对，门第相当，反映出了门的重要性，门被视之为人的脸面。一个门槛，代表着由公共空间进入私密空间的仪式感。门与墙的关系是分不开的，传统建筑外墙很简洁，但进入大门后，面对庭院的复杂空间感和外墙简单的空间感形成强烈的对比。

北京民居住宅的宅门，从形式上主要可以分两类。一类是利用房屋造门的屋宇式门。这种门由房屋衍生出来，门即是屋，主要有广亮大门、金柱大门、蛮子门和如意门等。另一类是沿院墙而建的墙垣式。屋宇式大门的住宅，一般是有官阶地位或经济实力的社会中上层阶级；墙垣式大门的住宅，则多为社会普通百姓居住。

京西地区居住建筑的宅门，因使用者的社会地位不同而选用不同的形式。灵水传统民居

图6-29　京西地区典型民居砖石墙体

图6-30　京西地区典型民居砖石混合墙体

的宅门，由于该村出20多名举人和进士，有部分宅院采用等级较高的大门，采用金柱大门和如意门的样式。图6-31是84号院宅门，宅门的门扉是设在前檐金柱之间，门前有较明确的限定空间。但是这里的大门装饰远不及城中四合院同等级大门，外檐檐枋之下没有雀替作为装饰，仅用简单的随梁枋，体现出当地朴实的民风。

图6-31　灵水村84号院宅门

图6-32　沿河城村145号院宅门　图6-33　马兰村冀热察抗日　图6-34　沿河城村152号院宅门
　　　　　　　　　　　　　　　挺进军司令部旧址宅门

　　图6-32是沿河城村145号宅院，图6-33是马兰村冀热察抗日挺进军司令部旧址的宅门，图6-34是沿河城村152号宅院。这些大门均采用金柱大门，从形式上初步可以判断建筑以前的主人也是有一定的身份地位或者经济实力。

　　京西地区宅门还有另一种常见形式，是一种介于屋宇式和墙垣式的柱廊式门。图6-35

图6-35　灵水村163号院宅门　　　　　　图6-36　灵水村86号院宅门

是灵水村163号院，以其宅门为例，该宅门采用六柱三檩构架，与一般的六柱五檩构架不同，平面有六根柱子，分别是前后檐柱和中柱。中柱延伸至屋脊部分直接承托脊檩。由于屋面较小，仅有前后檐檩和脊檩形成门楼屋面构架。

　　除了柱廊式门外，其他传统民居的宅门以墙垣式为主。墙垣式门没有门洞，门沿墙而开，门扇宽度较窄。其中小门楼式是常见的形式，在风格上追求屋宇的效果，由两短山墙和屋顶组成，屋顶上做正脊，两头翘起，檐上装饰花草砖。图6-36是灵水村86号院宅门，宅门屋顶分前后两坡，由蝴蝶瓦砌筑而成。屋面中部起脊，脊上有精美的吉祥图案装饰，虽不气派但却十分华丽，凸显了房主人的富有和虚荣以及对生活的热爱。

　　2）窗

　　京西地区的民居建筑中，窗是变化最多的一种建筑构件。窗的形式多种多样，总体来说分为槛窗和支摘窗两种。窗的木纹分隔各式各样，京西古道地区传统民居建筑通常以横平竖直的正格或寿字纹窗为主（图6-37）。

　　由于完整保留的传统建筑较少，且为了提升建筑居住舒适度，大部分居民已将窗改为玻璃窗，因此少见刻有吉祥花草动物图案的窗饰（图6-38）。

图6-37　苇子水村民居窗户

图6-38　贾沟村民居窗户

5. 装饰艺术

在传统居住建筑，构件装饰是必不可少的重要内容，京西古道居住建筑也不例外。该地区建筑装饰常见手法主要有雕刻与彩绘。

雕刻常见的形式有砖雕、石雕与木雕。门楣、墀头、屋脊、山墙及建筑墙体底部均有砖雕装饰。京西地区住宅砖雕内容通常以花卉植物为主题，寓意美好。图6-39为墀头装饰，图6-40为山墙装饰。屋脊和瓦当的砖雕以纹路图形为主，常用一些寓意吉祥的图案。图6-41为脊尾装饰，图6-42为屋脊脊花，图6-43为瓦当装饰。门楣也是砖雕装饰的重点部位，通常以神话传说、孝义故事、名人古事等为题材，雕刻出一幅幅生动的画面，讲述一个个深远的寓意。图6-44是三家店村东街78号院门楣。图6-45是三家店村天利煤厂的殷家住宅中的门楣上，砖雕精美，刻画了栩栩如生的人物故事。

图6-39 墀头装饰

图6-40 山墙装饰

图6-41 脊尾装饰

图6-42 屋脊脊花

　　石雕常见于宅门两侧的门鼓石。京西古道地区常见的是长方柱形门墩，且与门槛分离，只起装饰作用（图6-46）。由于此区域的宅门多为如意门、蛮子门这类小型院门，因此不用雕刻成异形的门墩。规矩的长方形门墩四面雕刻有花草纹路、吉祥图案（图6-47），有些顶部还刻有形态各异的动物，与植物图案一起使用（图6-48）。

　　木雕常见于建筑宅门门罩、门簪、门头装饰。在京西地区，木雕装饰还用于门板，在木雕的手法上，常采用浮雕、透雕与浅雕等技法结合。雕刻的图案有几何图形，也有植物花草（图6-49）。门簪的雕刻图案多以莲花、向日葵等植物图案，也有使用文字，来表达出入平安、多子多福的美好诉求（图6-50）。此外，门头上也有相应的装饰，图案上仍采用植物的主题（图6-51）。门板上的装饰多以文字的形式直接表达耕读传家的寓意（图6-52）。

图6-43　瓦当装饰

图6-44　门楣装饰

图6-45　门楣装饰

图6-46　门墩装饰

图6-47　门墩装饰

图6-48 门墩装饰

图6-49 宅门门罩

图6-50 宅门门簪

图6-51 门头装饰

图6-52 门板装饰

　　在京西居住建筑中，绘画是一种装饰的手法。这种装饰手法一般会用于门罩上，采用文字与书画的形式（图6-53）。绘画也会用于宅门门楼内墙壁的装饰，绘画内容多以山水为题材，表达宅主人心情追求（图6-54）。苇子水村中，各式福寿吉祥之语与警示格言书写在影壁之上，成为村中重要的装饰（图6-55）。

图6-53　门罩文字

图6-54　内壁绘画

图6-55　影壁福字

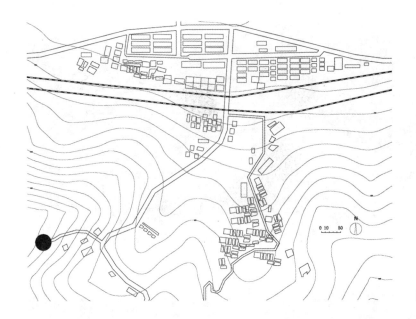

图6-56 水峪嘴老爷庙区位

图6-57 水峪嘴老爷庙

6.4 实例分析

1. 庙宇建筑案例分析

水峪嘴老爷庙，又称"关帝庙"，位于水峪嘴村域范围内，坐北朝南。早期水峪嘴村到关帝庙需要经过一段崎岖的京西古道，现在一条硬化的平缓山路直达关帝庙，后延伸至韭园村（图6-56）。

关帝庙紧邻牛角岭关城，位于周边区域相对较高的平坦区域。建筑为方正的四合院形制，由于地形的高差错落，建筑院落内部呈现两种不同高度，主建筑比入口区域高出1.2米左右，形成类似两进四合院的空间形式。台地上的建筑由三间正房与两边各三间厢房组成，台地下由左右两间厢房、入口门楼和两侧倒座房组成。建筑整体采用灰砖青瓦的材质色彩（图6-57）。

图6-58　三家店村殷家天利煤厂位置

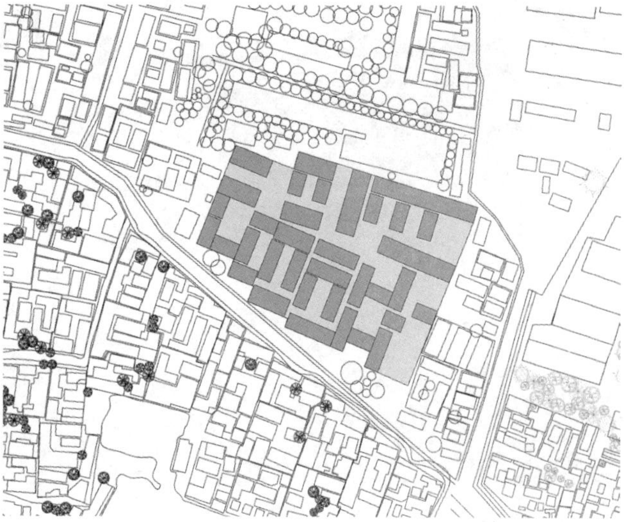

图6-59　殷家院落组成

图6-60　三家店村75号院

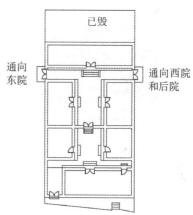

图6-61　三家店村75号院平面

2. 商居建筑案例分析

　　殷家天利煤厂建于清道光年间，位于三家店主街道路东侧，占据中街73、75、77号（图6-58）。殷家的院子由并排的三个跨院组成，共分为居住、仓储与办公三个区域，拥有高大的外墙。建筑为硬山坡顶，细致华丽，地面铺设有地砖。各式门楼，精美的砖雕花纹，院落中部独特的砖雕屏门式门楼，保持着传统建筑中居住功能与文化内涵，为京西民居典型代表（图6-59）。

　　殷家大院临街共三个门楼，但现在殷家后人居住的仅为中街75号院（图6-60）。其余院落已被分为多户，并且院落内部加建了墙体，已无法看出原貌。现殷家宅院为两进四合院，入口位于建筑西南侧，为倒座五开间之一（图6-61）。建筑外院墙体和倒座体量较大，与内院的正房相当。现中街77号院内居住多户，原院落入口依旧保留，但内部为公共道路。内部

图6-62 三家店村75号院内院山墙装饰

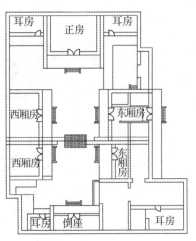

图6-63a 赵氏宅院平面图

图6-63b 赵氏宅院现状

建筑依稀保留着原来的结构与雕饰（图6-62）。此商居院落整体体量比普通民居更大，建筑装饰更为精致。

3. 居住建筑案例分析

琉璃渠的赵氏宅院，是700多年前元代管理琉璃生产工作的赵家住所，明清一直是琉璃生产的重要地址所在。清代的琉璃窑归工部管辖，办事处就设在这个地方。主管这里琉璃烧制各项事务的负责人姓赵，赵氏在此主持经营清朝御制琉璃达200多年之久。

整个院落坐北朝南，地基为青石铺就。建筑是由北侧进入的两进四合院，由琉璃渠主街到达赵氏宅院的入口，拾阶而上，通过狭长的甬道进入。穿过连廊，能够看到正房为三间，清水硬山脊，建筑雕刻细致精美，两侧各有二间耳房。两侧厢房各五间，硬山元宝顶，两侧也配有耳房，是一个较为完整的规正四合院（图6-63a，图6-63b）。建筑门楼在院东北侧，墙体磨砖对缝，地面方砖平整。院内各单体建筑以回廊相连，可避风雨。正房及厢房设有暖道，京西冬季寒冷，设置暖道可省去屋内生火。

第7章 京西传统聚落的活化策略

7.1 京西传统聚落的现状

1. 聚落生存的变化

1）村民居住观念的改变

居民是村落空间联系中唯一活态的要素，也就成为村落发展中最活跃、最直接的影响因子。随着社会生活水平的提高和传统村落居民对新鲜事物的追求，村民生产生活的条件得到显著改善，生活观念也发生了巨大改变。

随着社会经济的飞速发展，农村建设逐渐摆脱了传统思维的束缚，原有的宗族观念等传统因素对村民住宅建设理念的影响逐渐减弱，新的思维意识对村民住宅的设计与建设影响日益增强。这些不断被削弱的旧建筑思维和不断被凸显的新影响因素之间的相互作用，导致了传统村落街巷风貌的变化。

这种思维的改变来源于对生活品质的追求。对于功能空间的分布来说，厕所位置的变动是最大的。传统民居的厕所位置通常在西南角，现在为了使用方便，一些民居会将厕所放进正房的角落。另一个变动是出于对交通工具改变的适应。新建住宅大多会在建筑外墙与道路中间预留停车位。

2）房屋所有权归属的转变

现在传统村落中有些保存完好的房屋已经被政府挂牌回购，或者一些向往乡村生活的人士租用村民宅基地进行自建房屋。同时，随着一些村落旅游产业的发展，政府会对村落进行统一规划开发，原有居民或搬离本村或根据规划由政府统一开辟新的住宅建设用地。这类情况在旅游开发中较为明显，水峪嘴村为了建设基于古道的旅游区，在村落中选取一片区域进行村委统一管理，建设功能齐全的现代住房，用于出租出售。

3）建造材料的转变

在建造技术不断提升的过程中，传统村落住宅的维护修缮技术也与时俱进。村民不再局限于使用单一的自然材料进行建设，而采用了新的、提升生活水平的现代建筑材料。许多青壮年劳动力开始外出打工，接触到新鲜的事物，回到村里对房屋进行翻修，则易采用新的施工工艺。现阶段京西郊区新建的民居建筑基本运用新的施工技术，与现代接轨的工艺设计，同时村民之间也相互影响、相互借鉴。人们对建筑材料的运用结合村落的现状风貌、建筑形态色彩与周边协调，是一种比较良性的运用方式。然而有些建筑完全不考虑村落的风貌协调，以居住者自身爱好为出发点，建造的房屋色彩突兀、形态夸张，与村落环境格格不入。

4）生活模式的转变

对于京西地区在靠近城区的村落，人们更愿意外出务工。相比于农耕经济所带来的微薄收入，或是村内极少的工作机会，村民通常选择外出务工。这种情况通常分为两种，一种是举家搬迁，村内的老宅进行出租，给其他务工者提供住宿或商业经营的便利；另一种是白天到就近的区域打工，晚间回家休息，父母或子女留在家中。然而无论是哪种生活模式，对于农耕的需求都基本荒废，结果是村落及建筑空间中的农耕工具、农耕行为由于没有耕作需求而消失，取而代之的是村民休憩空间的增加和商业交往氛围的转变，导致相应村落内部空间及建筑空间功能的变化。

2. 城市化背景下的趋同效应

旧时传统村落通常是一个内向的、封闭的社会形态，内部村民能够在日常的生产交换中维持正常生活，村落间或区域间的交流较少。但是，随着城镇一体化的开放性，村落和城市的关系越来越密切。作为连接城市和山区的过渡地带，受到的影响首当其冲。一是城市的现代化使得生活水平更高、生活设施更完善，这就使得传统村落中的人们更愿意接受城市化的发展模式；二是人口、信息、资源等方面城乡之间的相互融合。在城市的持续影响下，村落逐步从封闭到开放，城市同化对传统村落空间形态的影响已成为村落空间形态变化的重要原因之一。许多村落统一的空间已成为类似城市居民区的形式。村中广场不受欢迎而闲置，住宅外立面用瓷砖装饰，院落空间已经丧失原有家庭交流的用途，盲目跟风城市化的建筑风格，放弃自己独特的文化风貌与技术工艺。这些使得村落最终成为城市的附属品，降低了村民的认同感。

3. 外来因素的干扰

位于城乡交界处的村落，是外来务工人员的首选。在城市六环路附近的三家店村外来务工和经商的人员众多，临近城市交通节点的东街区域是人们租房的优先选择。在调研走访中就经常看到不少外来人员到此寻找出租房屋。因此村民们为了更多地获利，在自家范围内新建了更多建筑空间，导致传统建筑布局已经面目全非，空间拥挤混乱。滞后的管理措施和归属权的私有化让政府无法强制监管，致使这种状况越加严重（图7-1）。

4. 自上而下的保护方式

京西地区的传统村落主要采用政府组织保护的形式，这种形式是指采用自上而下的方式对村落进行保护。由政府确定传统村落和传统民居名录，对有保护价值的传统民居进行"挂

图7-1　三家店村邻街商业

图7-2　挂牌保护公共建筑与民居

牌"保护。自1998年起，门头沟区政府确定保护建筑，对保护单位实行挂牌，所有权依属于村民。传统村落中公共建筑、传统遗留民居等，均由政府挂牌后，有的经统一修缮后封闭式管理，有的则规定不能擅自改动，村民仍在正常使用（图7-2）。

7.2　新文化融入后的营造分析

1. 村落空间更新

因为近现代尤其是改革开放以来，不同区域位置的村落形态发展程度有很大的差别，特

图7-3　韭园四村旅游咨询中心

图7-4　村中新建文化公共建筑

别是位于北京近郊区的村落，这些村落可建设的土地远多于山区腹地的村落，而且受城市化进程的影响较大。位于浅山区的韭园四村，原有村落边界变得非常模糊，有的已经连为一体，成为传统村落发展过程中的特例。住宅的形式发生了很大的变化，在历史的发展过程中村落原有的风貌遭到很大的破坏，已经不符合传统村落的定义，但是这种村落集中的现状依然能够作为当地依赖资源进行发展的最好诠释。

1）村落形态

村落形态是一个村子发展现状的表现，形态的变化能够显示出村落发展过程中各阶段的不同政策要求与生活需求。京西传统村落在现代经济促进作用下，得以一定发展，呈现出片状统一的布局。

位于永定河出山口的三家店村，拥有从辽代至20世纪末几百年的历史，形成带状的村落形态。在现代铁路开通之前，一直是京西最大的煤炭收购和加工集散地，村落以发达的商业闻名，古道两侧商业林立。三家店东接高井村，西接琉璃渠，京西大道穿村而过，建筑沿古道两侧分布。而20世纪末期，三家店村改变了原来的生长方向，转而向东北侧山路方向直线发展，且建筑布局整齐。

韭园村、桥耳涧村、东落坡村和西落坡村4个村落位于京西王平古道中段，原本为4个独立的自然村。京西古道贯穿四村，古道遗迹保留完好，为了有效利用这种旅游资源，四村联合成立韭园旅游民俗村，成立相应的旅游咨询中心（图7-3）。原本因为古道衰落而停止生长的村落，如今受到旅游业的刺激，继续沿古道两侧生长，村内一些公共建筑，在文化复兴下得到重修（图7-4）。

2）村口节点

如果把村落作为一个有机体的话，村落的入口则是具有过渡性质的仪式性空间，因此就村落整体而言，村口作为一个节点具有非常重要的意义。不仅具有传统意义上防御、交通的

图7-5　琉璃渠村村口琉璃文化广场

图7-6　马各庄村村口节点

功能，还具有一定的象征意义，这种功能的多样性，也使其成为人们思维及公共活动中的重要场所，是村落空间形态的重要组成部分。

　　对于京西古道地区而言，村落入口已经不再具有防御功能，其形态大多数都发生了改变，村口的文化内涵也产生了本质的变化。随着旅游业的兴起，村落入口成为展示本村形象面貌最好的招牌。不少村落入口进行了修缮扩大，改造成了停车场，满足旅游者停车的需要；还有的搭起了棚架、牌坊，成为村落空间的延伸。有些位于京西古道上的村落，借助古道开发热潮，突出本村特色资源，人为创造出各种旅游介绍招牌。琉璃渠村将本村特色琉璃工艺展现在村口的墙上，突出了村落的入口空间，形成最吸引村民驻足关注的地方（图7-5）。马各庄村在村口节点设置比较宽敞的广场空间，并设置了供居民活动的健身场地（图7-6）。

　　3）街巷肌理

　　传统村落的街巷空间具有层次性，主街、次街、巷道、入口空间层次分明，古树、泉井、石碾等景观小品从满足村民日常生活所需，转变到仅仅提供给人们日常交流场所。街巷的形成，最初都是先有居住院落，进而院落顺应山势地形进行排列形成街坊，街坊之间自然形成层次丰富的街道空间。而新建的住宅则是有统一的强制性上位规划，导致新建房屋均整齐排列，组成一个有异于原始村落布局的规则街巷肌理。这一点尤其是在原有村落附近另辟新建村落表现得更为突出。位于王平镇的西古岩村，村落形态上更具有人为规划的痕迹（图7-7）。相比较而言，东石古岩仍然保持的传统村落肌理。

　　2. 建筑营造技艺转变

　　建筑是组成村落空间格局最直观的单元空间，而在这个空间中包含着公共与私有生活的有机结合。

　　1）功能与形态的变化

　　居住建筑是组成院落的重要构件，居住建筑的变化主要包括形态和功能的变化。随着村

图7-7　西古岩村卫星图

落职能的发展变化，内部建筑的功能和形态也会随之改变。随着古道旅游的开发，一些村民将自家改造为了农家乐、酱菜作坊等商业服务空间。村落的发展方向决定着建筑的功能需求，而建筑功能的确定也导致了其形态的改变。改造为农家乐的住宅为了扩大居住空间，在自家房屋的基础上修建了二层；进行酱菜制作的作坊则需要单独的制作空间。

　　2）建筑工艺的变化

　　调研中发现，京西古道区域村落房屋建造的管理并不严格，村落内部经常看到新建房屋的工程。在东、西落坡村许多建筑均为二层，与村落的整体面貌不相吻合（图7-8）。传统村落中村民的价值观、经济能力和文化诉求不尽相同，导致房屋建筑的外观、品质和风貌也有所区别。

　　新建住宅在建筑施工技术、材料与结构方面都与传统建筑差异巨大，在提高生活质量的同时，建筑风格与整体村落风貌的协调性则考虑相当较少。从施工技术上来讲，新建住宅高度增大，墙体结构则不单单为石块和砖墙砌筑，一些建筑采用了混凝土浇筑结合砖墙的施工方式。从材料与结构上看，原有的木结构屋顶逐渐被钢梁、混凝土梁代替，结构构造也不再沿用传统方式（图7-9）。

图7-8　新建二层建筑风格突兀

图7-9　现代建筑工艺与风格

图7-10a　体量加大

图7-10b　色彩生硬

图7-10c　风格含混

3）建筑宅门的变化

随着新建建筑的不断出现，古老宅门形式无法匹配新建房屋的实用功能，因此出现了风格上的变化。村民们大多采用新建房屋的形式显示对生活质量的追求。新建门楼相应出现了三种不同的情况。其一，加大门楼的体量，有的村民将门楼和建筑结合在一起，直接在建筑中截取一间作为建筑入口，设置门楼（图7-10a）；其二，门楼单独设置，内部也保留影壁或利用厢房的山墙当作影壁，但由于建筑材料与色彩之间生硬的搭配与交接关系，使得建筑失去应有的美感（图7-10b）；其三，一些富裕的家庭，在建设自家房屋时，仿照传统建筑的门楼形式进行修建，但没有遵循传统的等级制度，导致普通民居出现类似王府大门、广亮大门形制的门楼，与建筑本身不协调（图7-10c）。

7.3 京西传统聚落的价值特征

1. 整体统一

京西传统村落，由于受到同样的地理环境、气候条件和特定的历史条件的作用，形成相互依赖的关系，构成了统一的整体。一方面，传统村落的结构元素的发展进程各具特点；另一方面，各元素相互关联，有机组合成传统村落空间的整体，产生特殊的功能。村落空间的整体功能超过其若干个组成部分或局部的功能。在京西古道村落中，村落整体的形态组织呈现各有特色的同时又能找寻内在的整体统一特征。

2. 自然有机

传统村落在形态往往是自然生长而成，同时由于受到当地特定社会、环境和文化等影响，村落形态呈现出多样有机性。贾沟村利用山势营建村落，万佛堂村顺应地势由内而外发展，有古树、古井、水系等自然景观空间，也有宗庙、广场、窑厂等社会生活空间。在京西古道传统村落中，村落空间形成遵循自然法则，并通过人为主动规划管理，反映出人与自然在村落发展过程中的相互作用。村落发展是自然与人为有机整合的统一体。

3. 基因认同

传统村落有着丰富的人文内涵，文化的基因认同是其内核。京西传统村落的基因认同集中反映在村落的公共空间中。一方面，村落公共空间是村民对村落的共同情感，形成的是对村落的集体记忆；另一方面，村落公共空间具有地域特色和民俗风情，承载着村民的文化认同感和文化归属感。京西传统村落是古道文化最好的承载体，使京西古道的伟大精神内涵得以传承。只有延续和继承了传统村落的文化基因，传统村落才能更有生命力和文化粘合力，才能为传统村落的保护和发展提供动力。

7.4 京西传统聚落的活化策略

1. "静态—活态"的转变

传统村落是自然环境、建筑空间与人文生活相结合的有体整体，并非一动不动的展览品。生活在其中的村民才是村落保护中的主体，其思维模式、生活需求、自身素质以及经济能力等决定着传统村落保护工作的进程。那么，提高村民的文化认同感及建筑保护意识是传统村落保护工作的重中之重。故在实际保护工作中，应充分考虑村民的生活品质。传统村落与传统建筑的保护不是一味生硬的原样保存，而是以村民生产生活为主线进行符合历史阶段的保护，以转变村民对限制性保护的局限认识。

在当前城乡一体化转型的过程中，传统村落要兼顾历史文化遗产和民生问题，从而将文化遗产活态化发展作为提升村民生活质量的有效方式。例如韭园村落保护规划体系提出村落文化遗产，保留点状物质文化遗产，以点带线，强调街巷空间及生活场景，将这些交织成蕴含着历史记忆、民俗风情的村落网。

2. "趋同—特性"的转变

传统村落民居不仅具有独特的建筑艺术价值，也蕴含着历史文化和人文生活的气息。传统村落不应仅作为千篇一律的纪念物供人们参观，而是拥有真实生活场景的独特空间，是活生生的历史存在。但面对目前以旅游商业为主导的经济开发模式，京西古道区域传统村落如何在维系传统文化的同时进行有别于其他村落的特异性发展是一个严峻的问题。

随着城市化发展的进程，紧邻城区的王平古道地区受到强烈的文化冲击，人们的思维模式、生活习惯、行为方式等都向着城市转变。城乡一体化的格局凸显，王平古道的地域性气息逐渐衰弱，因此找回村落的地域特性，才是村落保护发展的重点。

结合京西古道的特点，可以从以下几个方面进行探索：结合古道特色，传承历史文脉，分级保护；构建文化体系，京西古道是一个完整的非物质文化遗产系统；倡导居民参与，满足村民生活需要。

第一，结合古道特色，分级分步保护

京西古道村落的保护要在古道文化遗产的大氛围下进行。首先，对各村落和村落内部空间进行保护级别划分，明确保护重点。其次，保护需要由点带面的进行，在完成各文化遗产的保护性修复后，将各点串联成一张文化脉络网。

第二，构建文化体系，传承非遗文脉

京西古道区域包括永定河河谷天然廊道和具有多种功能的古道，呈线状分布，并且拥有着京西浅山区最为完整的京西古道遗迹。以此为基础，由三家店村为起点，可以把古道资源整合起来，进行古道沿线传统村落统一规划。对京西古道的文化资源进行挖掘，点状还原古道传统生活场景，茶棚、客栈等特色服务设施，让游客在休息之余感受传统文化的魅力。

此外，京西古道沿线许多村落都有自己独特的非物质文化遗产传承，以这些传统村落为节点，由古道进行串联，形成非物质文化遗产体验脉络，进行旅游开发，增加全民的参与感与认同感。

第三，倡导居民参与，增强村落活力

处于平原区的京西古道有一定的特殊性，主要在于所有村民对于村落的利用率较高，生产、农耕、娱乐等真实生活展现着村落的活态特性。而提升活跃度的本质在于人的行为，因此要鼓励与激发村民参与，确保村民扮演积极的角色。当传统村落的发展模式不违背居民追求生活品质时，村落才能健康持续地向更好的方向发展。村民的生活与村落的保护是息息相关的，因为民居建筑所有权的私有化，维护居民的主体地位将有助于村落的整体性保护。

京西古道目前游客较少，以徒步爱好者为主，故沿线村落可以开辟与村民生活和建筑历史文化相关的体验活动场所，增加游客的体验感受，以达到提高经济与传播文化的双重目的。

参考文献

［1］（元）孛兰盻等编纂，赵万里辑．元一统志［M］．北京：中华书局，1966.

［2］（元）熊梦祥著．北京图书馆善本组辑．析津志辑佚［M］．北京：北京古籍出版社，1983.

［3］（明）沈榜．宛署杂记［M］．北京：北京古籍出版社，1980.

［4］（明）张爵．京师五城坊巷胡同集［M］．北京：北京古籍出版社，1982.

［5］（清）缪荃孙据《永乐大典》辑出《顺天府志》［M］．北京：北京大学出版社，1983.

［6］侯仁之．北京历史地图集［M］．北京：北京出版社，1988.

［7］尹钧科．北京郊区村落发展史［M］．北京：北京大学出版社，2001.

［8］政协北京市门头沟区文史资料研究委员会．京西古道［M］．香港：香港银河出版社，2002.

［9］孙克勤，宋官雅，孙博．探访京西传统村落［M］．北京：中国画报出版社，2006.

［10］北京市门头沟区政协文史资料办公室．北京市门头沟区龙泉镇．京西第一村——三家店［M］．
香港：香港银河出版社，2005

［11］政协北京市门头沟区学习与文史委员会．京西古村［M］．北京：中国博雅出版社，2007.

［12］潘惠楼．门头沟文化遗产精粹——京煤史志资料辑考［M］．北京：北京燕山出版社，2007.

［13］陈志强．散落京西的山地古村落［M］．北京：中国和平出版社，2008.

［14］政协北京市门头沟区学习与文史委员会．京西古村——苇子水［M］．北京：中国博雅出版社，
2008.

［15］北京市门头沟村落文化志编委会．北京市门头沟村落文化志［M］．北京：北京燕山出版社，
2008.

［16］（美）露丝·本尼迪克特．文化模式［M］．王炜等译．北京：社会科学文献出版社，2009.

［17］苏品红．北京古地图集［M］．北京：测绘出版社，2010.

［18］金秋野．宗教空间北京城［M］．北京：清华大学出版社，2011.

［19］易克中．京西古道诗词［M］．北京：团结出版社，2013.

［20］薛林平．北京传统村落［M］．北京：中国建筑工业出版社，2015.

［21］张大玉．北京传统村落空间解析及应用研究［D］．天津：天津大学，2014.

［22］席丽莎．基于人类聚居学理论的京西传统村落研究［D］．天津：天津大学，2014.

［23］王其钧．宗法、禁忌、习俗对民居型制的影响［J］．建筑学报，1996，（10）：57-60.

［24］张大玉，欧阳文．传统村镇聚落环境中人之行为活动与场所的分析研究［J］．北京建筑工程学院
学报，1999，（01）：11-23.

［25］业祖润．现代城镇建设与古村文化保护——北京川底下古村价值与保护探析［J］．小城镇建设，
2000，（09）：64-68.

［26］王春光等. 村民自治的社会基础和文化网络——对贵州省安顺市J村农村公共空间的社会学研究［J］. 浙江学刊，2004（01）：137–146.

［27］陈志华. 再说古北京城的整体保护［J］. 世界建筑，2005，（03）：100–101.

［28］曹海林. 村落公共空间：透视乡村社会秩序生成与重构的一个分析视角［J］. 天府新论，2005（04）：88–92.

［29］伍端. 空间句法相关理论导读［J］. 世界建筑，2005（11）：10–15.

［30］赵之枫，高洁，陈喆. "陵邑"村落的发展变迁和转型研究——以北京昌平区十三陵镇泰陵园村为例［J］. 华中建筑，2008，（06）：96–100.

［31］戴林琳，徐洪涛. 京郊历史文化村落公共空间的形成动因、体系构成及发展变迁［J］. 北京规划建设，2010（03）：74–78.

［32］董磊明. 村庄公共空间的萎缩与拓展［J］. 江苏行政学院学报，2010，（05）：51–57.

［33］刘沛林，刘春腊. 北京山区沟域经济典型模式及其对山区古村落保护的启示［J］. 经济地理，2010，（12）：1944–1949.

［34］张建. 刘嘉. 奚江波. 北京传统村落保护方法初探［J］. 北京规划建设，2011，（03）：50–53.

［35］欧阳文，周轲婧. 北京琉璃渠村公共空间浅析［J］. 华中建筑，2011，（08）：151–158.

［36］陆严冰. 基于历史文化环境研究建立京西传统村落体系［J］. 北京规划建设，2014，（01）：72–79.

后 记

书稿的顺利完成首先要感谢贾东教授。贾老师是我工作上的引路人，十几年前，笔者初入学校工作时便得到了贾老师真诚的指导和帮助。在长期的共事过程中，贾老师对专业的热爱、对教学的追求、对学科发展的洞察，无不影响着我，使我在教学科研和待人处事方面都受益良多。本书的研究从选题确定、资料搜集、实地考察到修改完成，更是得到了贾老师的不断鼓励和大力支持。

传统聚落的研究近几年得到了相关院校和学术机构的重视，并取得了丰硕的研究成果，为本书提供了有益的借鉴。笔者对于京西传统村落的关注始于读研期间对业祖润教授所著的《北京古山村——川底下》一书的习读，书中对该村的研究引发了笔者对京西地区民居的强烈兴趣。在工作之后，恰好工作单位地处北京西部地区，便于对京西地区民居的实地考察与研究积累。2015年，笔者获批教育部人文社会科学研究项目：基于文化模式的北京村落活态保护研究（15YJCZH123）的资助，为本书的顺利展开提供了支持。

在写作过程中，笔者不断意识到自己对京西古道村落认识具有局限性，书中所呈现的只是一个阶段性的研究思考和资料分析。本书主要内容，分别由笔者与研究生郭佳共同完成了第一至四章、第六至七章，与研究生孙晋美共同完成了第五章。随着书稿写作不断深入，笔者感到自己在诸多方面的不足，希望能在后续的研究进一步探究。

感谢诸位师长和同事们在本书的写作过程中给予的支持和帮助。

感谢中国建筑工业出版社的唐旭、李东禧、吴佳老师为本书的出版所做出的辛勤工作。

感谢家人对我的支持。没有他们的支持和鼓励，本书不可能顺利完成。

本书的研究承蒙"北京市专项专业建设——建筑学（市级）PXM2014_014212_000039"、"2014追加项——促进人才培养综合改革项目——研究生创新平台–建筑学（14085–45）"、"本科生培养–教学改革立项与研究（市级）–同源同理同步的建筑学本科实践教学体系建构与人才培养模式研究（14007）"，以及"教育部人文社会科学研究项目——基于文化模式的北京村落活态保护研究（15YJCZH123）"的资助，特此致谢。